郭雨舟 著

用户研究成长之路

U0279785

人民邮电出版社

北 京

图书在版编目（ＣＩＰ）数据

用户研究成长之路 / 郭雨舟著. -- 北京 ：人民邮
电出版社，2020.9
ISBN 978-7-115-54049-2

Ⅰ．①用… Ⅱ．①郭… Ⅲ．①产品设计－研究 Ⅳ.
①TB472

中国版本图书馆CIP数据核字(2020)第085412号

内 容 提 要

本书是从事用户研究工作的入门指导和实践指南，不仅介绍了用户体验研究的基础入门知识，还介绍了可实践的操作指南。

全书共分为 8 章，从什么是用户体验研究展开，首先介绍了用户体验研究的基础方法与技能、每种方法的具体内容，使用场景和相关注意事项；然后围绕研究计划、研究执行、结论的沟通与落地、用户体验策略介绍了详细的实践流程；接着针对用户研究工程师的实际职业需求，讲解了用户研究面试技巧和注意事项；最后给出了用户研究入职第一个 30 天的规划和建议，帮助读者迈出成为用户研究工程师的第一步。

本书适合想要成为用户研究工程师的读者阅读和学习，也可供对用户体验研究、用户需求调研等感兴趣的各类人群参考。

◆ 著　　　　 郭雨舟
　　责任编辑　 陈冀康
　　责任印制　 王 郁　 焦志炜

◆ 人民邮电出版社出版发行　　 北京市丰台区成寿寺路 11 号
　　邮编　100164　 电子邮件　315@ptpress.com.cn
　　网址　https://www.ptpress.com.cn
　　北京九州迅驰传媒文化有限公司印刷

◆ 开本：720×960　1/16
　　印张：11.5　　　　　　　　　　　 2020 年 9 月第 1 版
　　字数：180 千字　　　　　　　　　 2024 年 7 月北京第 7 次印刷

定价：69.00 元

读者服务热线：(010)81055410　 印装质量热线：(010)81055316
反盗版热线：(010)81055315
广告经营许可证：京东市监广登字 20170147 号

前言

2012 年我从美国伊利诺伊大学传媒学院硕士毕业，来到北京准备开始自己的职业生涯。那时候的我还没想过要去互联网公司工作，也不明白这个世界上还有一个职业叫作用户体验研究员。我只知道坐在五道口随便一个不起眼的咖啡馆和人聊天时，但凡提到 LBS（Location Based Service，基于位置的服务），邻桌就会有陌生人递名片过来说自己是某某基金公司的人，感兴趣的话可以把商业计划书发到他邮箱。后来我的朋友告诉我，中国移动互联网那个时候正在浪潮之巅，或许只有互联网公司才能给你一个让你满意的起薪。

回去后我开始搜索各大互联网公司除了编程和设计之外还需要什么样的人。我发现了一个叫用户体验研究员的职位，虽然不明白具体是做什么的，但是应聘要求里写的那些研究方法自己好像在大学里都学过。两周后我如愿成为百度 UE（User Experience，用户体验）研究团队中的一员。感谢当年曲佳哥和王楠哥对我的信任，我想当年我在面试时一定说了不少对用户体验研究的错误理解，但当时他们还是给了我进入这个行业的机会。

2014 年，出于对网购的巨大热情，我加入了京东。在这里除了每个季度会收到员工专属满减优惠券外，还会被不断督促为 JDC 部门撰写用户体验研究博客。在这里也要特别感谢京东零售用户体验设计部副总裁刘轶和我的经理周坤的督促和鞭策。撰写博客不仅让我养成了复盘研究项目的习惯，还让我对写作产生了巨大的兴趣。在继 JDC 博客上发表的博文《论电商促销的基本素养》和《眼随心动——导购页面用户研究》陆续受到大家的鼓励好评并且被其他网站转载后，我开始在自己的 LinkedIn 博客里记录一些用户体验研究员在工作中经常会踩的坑。

2016 年，应 IXDC（International Experience Design Committee，国际体验设计委员会）主席胡晓的邀请，我在论坛工作坊中做了主题为《从支持者到连接者：基于参与设计的用户研究角色重构》的分享，探讨通过参与式研究加强研究结论的落地性。正是在这一系列的活动中，我感受到了分享和传播带给我的充实和快乐。

2017 年我意外地获得了一份来自总部位于荷兰阿姆斯特丹的缤客网的用户体验研究工作，于是开始了我在欧洲的工作和生活。这期间不时有朋友问我，最近在荷兰的童话世界过得怎么样？似乎在他们看来，我在这里的生活总是那么轻松惬意：不用加班熬夜，也不用经历交通拥堵和地铁早晚高峰。可是，我想他们都不知道我在这里所面临的不同的工作挑战。

虽然当时的我也算是拥有 5 年用户体验研究工作经验，并且曾经在美国读研，英语算不上一句不会，但是在面对大量英文的工作专业术语、面对不一样的工作沟通方式时，我也会感到手足无措。坐在办公室的时候，常觉得即便窗外风景再美，在当时的我看来也是黯淡无光。第一年工作绩效评估，我的经理只给了我"符合预期"的评分，我认为这对我来说很不公平。于是在我向她倾诉了自己这一年的种种努力之后，她告诉我："You were not set up for success as a new hire."（我想中文意思大概是：你一开始来公司就没有能够以走向成功的方式打开局面）。

对于从小就立志要做尖子生，并且在每一份工作中都力争做到最好的我来说自然接受不了这样的现实（事实证明这是一个非常不好的习惯）。但从那以后，我更加有意识地总结和回顾我在专业技能、沟通方式，甚至是商业意识方面的不足，并且更加细心地观察别人在这些环节上做得好的地方。逐渐地，我发现自己积累的经验越来越多，而在慢慢适应新的工作环境后，也有越来越多的时间与身边遇到类似问题的同事或朋友去讨论应对方式。在这个过程中，我也很多次深深地感受到与人进行真挚交流后内心受到的启发与鼓舞。我写这本书的初心，是为了把我在入行以来积累的与专业技能和工作方式相关的经验和看法与更多的人分享。

我遇到过很多国内艺术院校主修设计的同学，他们中的很多人在临近毕业时，会考虑今后是否可以从事用户体验领域中研究方向的工作。他们经常问我的问题是能不能推荐一本书帮他们简要了解用户体验研究的基础方法，从而可以帮助他们决定到底要不要入行。

还有一部分人则是已经在工作了，但对目前工作不满意，想要从市场营销或者运营等工作岗位换到用户体验这个工作方向上来。他们对研究抱有一腔热情，平时也有一颗细心观察生活的心，所以想从事用户体验领域内的研究工作，但苦于并不了解具体专业的研究方法。所以想让我介绍一些研究方法，让他们可以利用工作之余通过自学补齐专业技能，然后顺利转行。

另外一些则是已经拥有传播学或心理学等专业领域的硕士甚至博士学位的人，他们一直从事学术研究，想要了解业界实际操作中的具体项目步骤是怎么样的，以方便自己顺利从学界过渡到产业界。

此外还有一部分朋友，他们已经在国内的用户体验研究行业工作了一些时间，但想尝试出国工作。对他们而言，国内外用户体验研究行业工作方法和思维方式的差异是他们比较关心的话题。也因为如此，我在本书里把一些用户体验研究方法和关键工作流程的术语都加注了英文原文，方便大家按图索骥，查找更多与国外用户体验研究行业相关的信息。

基于以上的这些读者群体和他们提出的典型问题，我开始构思本书的内容框架，旨在写一本精简、直观的用户体验研究实战书籍。让大家能在工作学习之余，快速了解用户体验研究所需要具备的基本技能，以及研究本身从计划到执行再到实践的操作步骤。在人民邮电出版社信息技术分社陈冀康编辑的鼓励和帮助下，我最终完成了本书的撰写。

今年是我从事用户体验研究的第八年，业内比我经验丰富的前辈、才华横溢的后起之秀数不胜数。我虽然以认真严谨的态度编写此书，但也难免某些内容会有疏漏，还望各位读者海涵及指正。最后除了感谢以上提及的前同事外，还需要特别感谢缤客网的用户体验研究团队，感谢他们在我的用户体验研究成长之路上为我提供的指点和启发。

郭雨舟

2020 年 3 月

资源与支持

本书由异步社区出品，社区（https://www.epubit.com/）为您提供相关资源和后续服务。

配套资源

本书提供如下资源：

● 书中彩图文件。

要获得以上配套资源，请在异步社区本书页面中点击 配套资源 ，跳转到下载界面，按提示进行操作即可。注意：为保证购书读者的权益，该操作会给出相关提示，要求输入提取码进行验证。

如果您是教师，希望获得教学配套资源，请在社区本书页面中直接联系本书的责任编辑。

提交勘误

作者和编辑会尽最大努力来确保书中内容的准确性，但难免会存在疏漏。欢迎您将发现的问题反馈给我们，帮助我们提升图书的质量。

当您发现错误时，请登录异步社区，按书名搜索，进入本书页面，点击"提交勘误"，输入勘误信息，点击"提交"按钮即可。本书的作者和编辑会对您提交的勘误进行审核，确认并接受后，您将获赠异步社区的 100 积分。积分可用于在异步社区兑换优惠券、样书或奖品。

扫码关注本书

扫描下方二维码，您将会在异步社区微信服务号中看到本书信息及相关的服务提示。

与我们联系

我们的联系邮箱是 contact@epubit.com.cn。

如果您对本书有任何疑问或建议，请您发邮件给我们，并请在邮件标题中注明本书书名，以便我们更高效地做出反馈。

如果您有兴趣出版图书、录制教学视频，或者参与图书翻译、技术审校等工作，可以发邮件给我们；有意出版图书的作者也可以到异步社区在线提交投稿（直接访问 www.epubit.com/selfpublish/submission 即可）。

如果您是学校、培训机构或企业，想批量购买本书或异步社区出版的其他图书，也可以发邮件给我们。

如果您在网上发现有针对异步社区出品图书的各种形式的盗版行为，包括对图书全部或部分内容的非授权传播，请您将怀疑有侵权行为的链接发邮件给我们。您的这一举动是对作者权益的保护，也是我们持续为您提供有价值的内容的动力之源。

关于异步社区和异步图书

"异步社区"是人民邮电出版社旗下 IT 专业图书社区，致力于出版精品 IT 技术图书和相关学习产品，为作译者提供优质出版服务。异步社区创办于 2015 年 8 月，提供大量精品 IT 技术图书和电子书，以及高品质技术文章和视频课程。更多详情请访问异步社区官网 https://www.epubit.com。

"异步图书"是由异步社区编辑团队策划出版的精品 IT 专业图书的品牌，依托于人民邮电出版社近 30 年的计算机图书出版积累和专业编辑团队，相关图书在封面上印有异步图书的 LOGO。异步图书的出版领域包括软件开发、大数据、AI、测试、前端、网络技术等。

异步社区

微信服务号

目 录

CONTENTS

第 3 章　研究计划

第 1 章

什么是用户体验研究

"人生处处都是答案，困难的是问出正确的问题。"

——陈团英，《夕雾花园》

　　一直以来向别人解释我的工作是什么都是一项挑战，似乎"用户体验研究员"是一个听上去很直白，但细想一下又不知所云的职业。很多时候过年回家面对外婆、大姨、邻居等众人的询问时，这几乎是位居第二的让我害怕被问及的话题。

　　其实搞不懂用户体验研究到底是什么并不是亲戚和邻居们的错，这不仅是因为在用户体验领域中用户永远是对的，而且就算是在用户体验行业工作的我们，经常也说不清楚自己的职业到底是做什么的。用户体验作为一个新兴行业，每天都有各种新名词、新思考框架、新设计工具，以及新的相关职业名称被发明出来。于是如果搜索"What the hell is user experience."（用户体验到底是个什么东西），你一定会惊奇地发现有太多的人发出了与我们一样的感叹，当然也有不少博客文章在尝试解释这个问题。

　　用户体验涉及了商业、设计、技术和与其相关的各种交叉的领域，如图 1-1 所示。因为它几乎涵盖了用户与产品、服务交互的方方面面，所以要给用户体验研究下一个定义自然是相当困难的。但如果一定要给用户体验研究一个准确的解释的话，我想要从以下两个方面进行介绍。

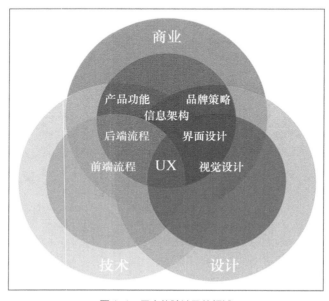

图 1-1　用户体验涉及的领域

- 用户体验研究的到底是什么？

- 我们为什么要进行用户体验研究？

1.1　用户体验研究的到底是什么

用户体验研究的是用户特征（User Characteristic），基于这些特征所产生的用户需求（User Need），基于这些需求所产生的用户目标（User Goal），为了完成这些目标所产生的用户行为（User Behaviour），以及在不同行为阶段的用户态度（User Attitude）。图 1-2 所示为在产品不同开发设计阶段下对应的用户体验研究关注点及研究类型示意图。

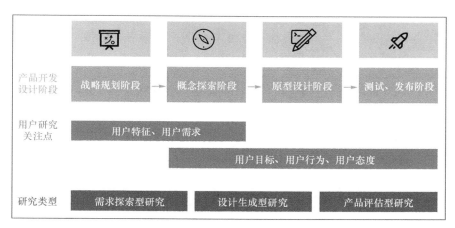

图 1-2　产品不同开发设计阶段下对应的用户体验研究关注点及研究类型

用户特征

用户特征无可厚非是用户体验研究的重点内容之一。用户特征可以是人口学方面的特征，例如年龄、性别、教育程度、收入水平等；用户特征也可以是针对某一话题用户的感兴趣程度、用户在某个领域的专业水准，例如对手机使用的熟练程度、对网络购物的感兴趣程度等；用户特征还可以是某一种或几种行为特征，例如提前多久制订旅行计划、与哪些人一起旅行等。

用户需求

用户需求通常与用户特征是紧密相关的，这也是为什么在进行需求研究的时候，需要对用户特征有清楚的了解。但值得注意的是，同一用户需求也许是基于不同的用户特征产生的。例如，基于"购物界面简洁明了"这一需求，用户群体可能一部分是具有丰富购物经验的群体，而另一部分则是新手。那么针对这看似一样的用户需求，网站的体验设计会是一样的吗？这就需要说到下面一个研究维度：用户目标。

用户目标

用户目标取决于用户特征和用户需求的共同作用，因此同样的用户需求可能会产生不同的用户目标。同样追求购物界面简洁明了的用户群体，一部分用户可能因为购物经验丰富，而不需要更多的引导，他们的购物目标是更有效率地买到自己需要的商品；对于另一部分新手购物群体，他们需要简洁明了的购物界面的原因可能是太多导购内容反而让他们不知从哪里下手，产生信息过载的消极用户体验。

用户行为

用户行为所关注的不仅包括用户都做了什么，还包括这些行为的路径是什么样的。用户心智模型（Mental Model）是研究用户行为路径的一个很好的理论框架，在之后的章节里会有更为深入的介绍。但这里想说的是，基于用户对世界的不同认知，他们的行为和行为路径必然会千差万别，而用户体验研究所要了解的不单单是这些行为路径都有哪些，更重要的是关注产生这些区别背后的原因是什么。

用户态度

研究用户态度更多的是研究用户完成目标前、中、后的主观感受。如果把态度以消极、积极这样的词来一语概之，未免不太谨慎。

我们在进行产品设计时，根据用户体验旅程（User Experience Journey）的不同阶段，我们通常会对用户态度有主动预期，从而进行相应的产品设计。例如，在设计旅行产品时，在"旅行梦想"阶段，我们期待创造的用户体验是"惊喜""期待"；而在"旅行预定"阶段，我们期待用户所感受到的则是"可控""信赖"；在"旅行体验"阶段，我们则期待用户在感觉到"安全"的同时能够有更多独特的感受。

总的来说，用户体验是一个基于人的研究。研究的"人"可能是我们的现有用户，也可能是我们的潜在用户，而研究的内容是这些群体的特征、需求、目标、行为和态度。最重要的是，这些研究维度往往都是相互交织在一起的，如何进行合理的拆解从而产生更深刻的理解，进而指导和评估产品的用户体验设计才是我们最重要的研究目标。

1.2　我们为什么要进行用户体验研究

用户体验研究的主要目的有以下 3 个。

1．确保产品是符合用户需求的。

2．确保设计是简单易用的。

3．评估产品、设计的用户体验。

1.2.1　确保产品是符合用户需求的

"同理心是设计的核心之所在。如果不能理解用户的所见、所感和体验，那么设计是一项毫无意义的事情。"

——Tim Brown，IDEO 创始人

如果你足够了解用户，你就能设计出符合用户需求的产品；如果你不了解你的用户，你设计的产品即便再好看也只是虚有其表。但这并不代表你设计的产品是用户亲口告诉你的"我需要的产品"，很有可能你设计的产品是用户根本没有意识到他们需要，但凭借你对他们需求和使用场景的充分理解，设计出的他们不敢想象的超预期产品。发现未被提及的用户需求（Discover Unaddressed User Need）一直是我认为的进行用户需求挖掘的最高境界。

一个例子就是我的洗脸仪。在认识它之前，虽然我曾无数次地怀疑过我可能每天都没有把脸洗干净，但我所做的只是频繁地更换各种品牌和功效的洗面奶。如果有人问我对洁面的需求，我可能会说我需要一款超效洗面奶。但我怎么也想不到，这个浑身橡胶一体成型、防水抗摔且长得像个橡皮擦的家伙会终结我对毛孔污垢的所有恐惧。以至于后来我对这款产品的评价是：发现生命中前 30 年的脸都白洗了。

我想这也是为什么设计思维（Design Thinking）的第一步就是理解用户（Understanding）或者说是产生同理心（Empathize）。或许你要说：都什么年代了，你还在说同理心。确实，同理心真的是用户体验界老生常谈的话题，但我想说的是我们一定要把同理心与同情心相区别。如果说同情心是"我为你感到遗憾"或"我能理解你的感受"，那么同理心则是"我能感受到你的感受"或"我真的被你所打动"，如图 1-3 所示。

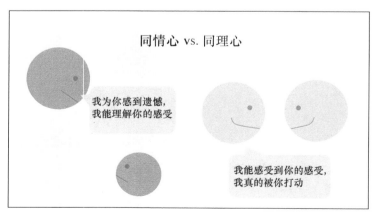

图1-3　同理心与同情心的区别

举一个例子，时常有人问我：在国外从事用户体验研究，你会不会觉得语言是你工作的一个障碍？我的回答是：是，但也不是。虽然英语不是我的母语，但因为语言的障碍，在做调研时，我更愿意去仔细聆听用户的感受。特别是当用户遇到表达障碍时，相比于带着"居高临下"的同情心去理解，我作为一个母语不是英语的用户体验研究员，有时具有更强烈的"感同身受"的同理心。

用户访谈（User Interview）或者情境调研（Contextual Inquiry）是常见的了解用户如何使用我们的产品以及产品使用场景、需求的研究方法。我们通常在产品开发的前期就会进行这样的研究，以确保产品方向符合现有以及潜在用户的需求。例如，了解用户是如何看待这个设计的，他们会如何使用我们设计的产品，或者通过参与式设计（Participatory Design）直接将他们邀请到产品设计的流程中来。后续我们也会对以上提及的各种研究方法进行更深度的解读。

1.2.2　确保设计是简单易用的

"Any product that needs a manual to work is broken."（任何需要说明书的产品都是糟糕的产品。）

——埃隆·马斯克

所有产品都应具有高度的易用性，而可用性测试则可以很好地检测产品的易用性。科技产品只是为专家用户而设计的年代早已过去，产品简单易用已被大众认为理所应当。当人们拿起一个产品时，他们想的不应该是如何使用这个产品，而是如何用这个产品达到自己所想实现的目标。除非你所针对的市场没有任何一个竞争对手，否则你都应该想方设法地提升产品的易用性。

产品的可用性测试（Usability Test）、启发式评估（Heuristic Evaluation）以及认知

走查（Cognitive Walkthrough）都是对产品易用性进行有效评估的用户体验研究方法。但是值得注意的是，在整个产品开发周期的不同关键节点都进行用户测试才能保证测试发挥最大的功效。产品雏形阶段，我们可能是对低保真原型甚至是纸质原型进行测试，然后下一阶段才是对高保真原型进行测试，进而再下一阶段是针对小流量版本的测试。然而，如果你只是测试产品的最后一个版本，那么一旦发现问题，再进行迭代修改的成本就会陡然上升。因此，尽早进行产品测试是使用低成本确保产品易用性的最佳方式。

1.2.3　评估产品、设计的用户体验

尽管用户体验的价值越来越被大家认可，但设计师和用户体验研究员们时常还是需要为了保证好的用户体验去争取更多的公司资源。公司决策层还时常会因为看不到用户体验带来的价值而忽略了它的重要性。不得不承认，和研发产品新功能或者修复某个产品 bug 相比，用户体验似乎并没有那么"看得见摸得着"，因此当公司资源比较匮乏时，用户体验常常会比产品研发的优先级低。相较于研发一个马上看得见的新功能或者解决一个就摆在眼前的产品 bug，用户体验出现问题后，需要等到产品呈现到用户面前时，我们才能意识到问题的严重性。这也就是为什么需要通过用户体验研究来尽早评估用户体验。一些用户体验的投资回报率可以通过销售业绩的增长、用户数量的增加来进行评估，还有一些则可以通过用户行为模式、主观感受的变化来进行评估，例如用户的使用频率、使用的满意度等。我想此时你一定会想起每次度假回来邮箱里各式各样的航空公司或者酒店的满意度调研邮件。

以上分析了进行用户体验研究的 3 个主要目的：让产品符合用户需求、保证产品的易用性和评估用户体验。其实从这 3 个主要目的中，也反映出了用户体验研究的 3 类研究方向：探索型研究、生成型研究、评估型研究，如图 1-4 所示。

1. 探索型研究（Exploratory Research）：确保产品是符合用户需求、与用户相关的。

2. 生成型研究（Generative Research）：确保产品设计能满足用户需求、实现用户目标。

3. 评估型研究（Evaluative Research）：确保产品的易用性以及产品、设计的投资

回报率。

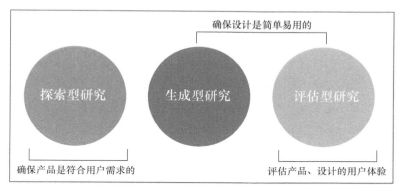

图1-4　用户体验研究的3类研究方向

在后面的章节中，我们会再详细描述探索型研究、生成型研究和评估型研究中常见的研究方法和一些具体研究案例。

1.3　从事用户体验研究需要具备哪些素质

近几年不论国外还是国内，"用户体验"都绝对是一个流行词汇，从事与用户体验相关的职业也成了跻身"雅痞"一族的逆袭之路。我想也正因为如此，这几年我经常被问到的问题中，与职业相关的最多的问题便是：我要成为一名用户体验研究员，我需要具备哪些技能？

雅痞（Yuppie）

雅痞又称"雅皮士"，是英文"Young，Urban，Professional"的缩写，意为城市化进程中出现的"年轻、都市化、专业"群体。他们靠新兴的专业技术在竞争激烈的大都市不断向上发展。

问这些问题的，有即将毕业的学生，也有在其他工作岗位上工作了一段时间，想转行从事用户体验研究的人。不论来自什么样的背景，他们的问题都有一个共同特点，那就是问题的本身多集中在"技能"层面，大家都想知道是不是学习了某个技能后就可以从事这个职业。

但我想我每次的回答都是令他们失望的，因为反观在行业内做得很出色的用户体验研究员们，其实很难总结出他们是具备了哪些具体的技能才取得了现在的成绩。回顾他们的专业背景，有文学、英语、历史，还有数学、物理、材料科学……当然具有与用户体验研究"相关"专业背景的人也不在少数，例如社会学、心理学、人机交互、传播学等。但我想正是因为"用户体验"是一个交叉学科，个人的基本素质有时候甚至超越了专业能力，成了能否胜任这个职业的关键。

那么接下来我就从专业素质和个人素养两个方面，说说从事用户体验研究应该具有的基本素质。

1.3.1　专业素质

观察力

"察言观色"似乎在现代汉语里隐含着一层淡淡的贬义，表示一个人精通人情世故，甚至是善于通过揣摩人心而投其所好。而如果评价一个人"敏感多虑"也经常暗示着这个人有一颗容易受伤的玻璃心。但如果把这些品质换一个正面一些的说法，那便是敏锐的观察力，能够通过观察别人的表情、肢体动作，很快对其情绪状态进行判断，并采取合理的应对方式。这一品质便是用户体验研究员需要具备的专业素质。

为什么用户体验研究员需要具备这样的品质呢？例如在用户访谈中，一个用户一开始感觉很紧张，如果是一个具有敏锐观察力的用户体验研究员则可以迅速发现这一点，进而通过一些鼓励式的引导，缓解用户的紧张情绪，确保后续的访谈平稳有序地进行。

又例如在访谈中，当用户已经表现出对产品使用经历的不满时，作为用户体验研究员，应该迅速表达对这种感受的同理心，在缓解用户不满情绪的同时，引导用户充分表达对产品改进的预期。

除了对用户情绪的观察力，用户体验研究员的观察力还表现在对周围环境，特别是对用户使用场景的观察。例如在情境调研中，当我们有机会到用户的生活或工作环境中去观察他们在如何使用产品时，我们可以更仔细地观察他们是使用浏览器哪个插件进行比价的，或者他们是否还需要征求妻子、丈夫、孩子甚至是自己的宠物猫的意见才最终决定预订哪家酒店。

分析及整合能力

对用户体验研究员来说，只有具备了一定的分析能力才能够从错综复杂的数据中找到其中的规律，进而分析出有价值的用户洞察。这种分析能力绝对不只是局限于定量研究，对于定性研究同样适用。因为分析能力并不仅包括数据统计，还包括对数据的宏观理解，从而判断哪些是重要的数据，哪些数据可以形成具有研究价值的行为模式，进而哪些行为模式可以产生哪些调研结论。

如果说分析（Analysis）是指把复杂的问题或概念分解为细小、简单易懂的组成部分的过程，那么整合或者说综合（Synthesis）则是把不同数据聚合到一起，形成一个个完整的逻辑闭环的过程。本书第 5 章　结论的沟通与落地的 5.1 节就对综合分析进行了详细叙述。

虽然有人会说分析能力似乎是与生俱来的，但我想你一定把用户体验研究和福尔摩斯断案进行了不切实际的联系。在我看来分析能力真的是一个熟能生巧的后天习得的技能，至少对于日常的用户体验研究工作而言，当你全程认真地完成过几个调研项目后，你应该会发现你的分析能力有了一个"打通全身经络"式的提升。

沟通表达能力

用户体验研究员必须具有很强的沟通表达能力，因为在现实工作中你可能会发现用户体验研究通常是用户体验中最容易被忽略或砍掉的环节，而你作为用户体验的"守护者"，时常需要通过自己超凡的沟通表达力，为用户体验研究能够实现的商业价值据理力争。为此，作为用户体验研究员的你需要在公司内部对研究价值进行宣传，全力说服项目团队或者客户将用户体验研究这个环节归入用户体验项目中。

其次，你要说服项目团队和客户参与到研究项目中来，为后续调研结论的沟通与落地打下坚实的基础。因为只有当项目团队和客户都真正对这个项目投资了个人的时间和精力，他们才能对这个项目产生更强的归属感或者说主人翁意识（Ownership）。这就好像在谈恋爱的时候，为了让对方更珍惜你们之间的关系，使用各种方法引导他或她为你投入更多的时间、精力甚至金钱，这些都能让他或她日后对这份感情更割舍不下。当然前提是你确实希望他或她对这段情感割舍不下，否则你便让自己陷入了麻烦。关于如何让结论更好地实现沟通与落地，第 5 章　结论的沟通与落地的内容都是为这个话题而准备的。

最后，在调研过程中你需要让用户也积极配合你的提问。试想如果没有良好的沟通能力，作为用户体验研究员的你或许很难让用户在 1 ～ 2 个小时的访谈中对你提出的问题保持热情。关于如何在深度访谈、焦点小组、情境调研等定性调研中调动用户的情绪、确保调研顺利进行，本书的第 2 章　用户体验研究的基础方法与技能和第 4 章　研究执行中有更详细的讲解。整个调研流程中，如果没有强有力的沟通表达能力，用户体验研究工作将寸步难行。

问题解决能力

工作中时常有人误认为用户体验研究员们往往只是进行调研、发现产品或服务的问题、向项目团队陈述这些问题，然后就可以和项目团队说再见了。事实上一个合格的用户体验研究员应该具有很强的问题解决能力。通过用户体验研究发现问题后，用户体验研究员不仅应该提出问题解决方案的建议，同时还应该具有组织项目团队的其他成员们一起来讨论解决方案的能力。

这也是为什么我在第 5 章 结论的沟通与落地中提出了从数据综合分析，到形成假设，再到创建问题解决方案这一结论落地流程。在这个过程中，你可以通过使用共情图（Empathy Map）、亲和图（Affinity Map）、体验地图（Experience Map）、Job Story、头脑风暴模板（Brainstorm Template）等辅助多团队的协作效率，进而提升问题解决能力。

1.3.2 个人素养

就像我前面所说的，作为一个用户体验研究员，有时候个人的综合素质比专业能力更重要。因为具有优秀综合素质的用户体验研究员往往具有更强的发展潜力，能够在这条路上走得更远。个人素养不是一朝一夕能够养成的，而是一个长期修行的过程，希望大家在意识到这些个人素养后，可以在生活中有意识地培养。

求知探索精神

用户体验研究是一个涉及商业、科技、设计、心理等多个领域的跨专业学科，因此用户体验研究员们需要具有各个方面的知识，而驱动用户体验研究员们多方面进行知识涉猎的不竭动力则是求知探索精神。试想当有设计背景的你需要了解更多商业策略的知识来进行市场需求调研时，对知识的求索精神就能够支撑你去了解关于商业、市场等一系列的相关知识。又或者你是一个具有心理学背景的用户体验研究员，但你目前在一个产品团队里密切地配合团队进行开发，这时候你需要对产品技术或者开发流程有一定的了解。用户体验研究员虽然不需要是某一个细分领域内的专家，但是需要具有很快变成某个领域专家的能力。用户体验研究员能够很快地吸收这个专业领域的知识，才能了解这个领域的相关用户。这也是为什么我在本书的第 6 章 用户体验策略中介绍了与用户体验密切相关的商业、设计、开发流程等多领域知识。

此外，用户体验研究员的求知探索精神还体现在对"人"和"人的需求"的兴趣上。因为只有这样，才能驱使他们想要了解用户是如何思考的、用户在使用产品时有何目标、基于这些目标用户需要通过产品完成哪些任务，以及用户目前是如何完成这些任务的、未来希望如何完成这些任务等一系列问题。

除了应该对"人"和"人的需求"具有求知探索精神外，用户体验研究员还应该对理解问题感兴趣，例如，是什么原因导致问题发生的？我们可以通过哪些方式来解决它？具有这些精神的用户体验研究员对发现未知的问题及思考如何解决这些问题都倍感兴奋，他们强大的好奇心和求知欲会驱使他们透过问题表面去了解本质。

非完美主义

虽然说完美主义是把事情做到极致的不竭动力，但极度完美主义却往往能毁掉一个用户体验研究项目。我曾在 2016 年 IXDC 的工作坊《从支持者到连接者：基于参与式设计的用户研究角色重构》中回顾我从事用户体验研究犯过的错误，其中一个便是"自恋——为炫技而写报告 vs. 为解决问题而写报告"。现在回忆起来，当时花很长时间写报告的一部分原因是自己追求完美的心态。而这样做的后果也显而易见，就是写完报告后，产品可能都迭代过好几回，报告结论也已经过时了。

其次，在实际调研项目中，用户体验研究员不能一味追求用户利益，而完全不顾及商业需求。在商业、技术与用户之间寻找平衡点是作为实用主义者的要义之一。这就像我们往往都有"最理想"的用户体验研究流程，但我们很少有足够的时间和精力去进行理想化的用户体验研究。通常情况下，我们都是在时间和公司资源允许的最大条件下去研究项目。这也是为什么我会在本书的第 4 章　研究执行中尝试用最简要的方式来描述几种最常见的用户体验研究项目的执行流程。

谦虚

"像你是对的一样去争论，但像你是错的一样去聆听。"

——亚当 · M · 格兰特

　　带着一颗谦虚的心进行用户体验研究是获得真实有效的用户洞察的基础。在调研中，用户体验研究员时刻都要提醒自己规避一些常见的认知偏差（Cognitive Bias）。其中，最常见的偏差之一就是证实偏差（Confirmation Bias）：我们常常有意搜集能够佐证自己预判的数据，而对不能佐证甚至是与自己假设相冲突的数据视而不见或刻意回避，最终的危害就是得出带有偏见的结论。

　　我这么说并非要求用户体验研究员在进行研究时不带任何个人观点，而是他们往往应该看到不同可能性之间的"五十度灰"。我想这也是为什么很多关于用户体验的问题的答案总是以"这取决于……"作为开头。虽然你或许也和曾经年少的我一样痛恨这种看似"中庸"的回答，但随着时间的推移，我发现这样的回答是有道理的。在研究过程中，用户体验研究员往往会在搜集数据的过程中逐渐通过已有的数据形成一些假设，但即便这样他们也不会在数据搜集结束之前直接跳到结论。

　　谦虚的心态还体现在对于研究方法的选择上，好的用户体验研究员不会认为某一研究方法只适合研究某一类问题，他们总是期待使用不同的研究方法去解决不同的研究问题。在本书的第 2 章　用户体验研究的基础方法与技能中，我不仅叙述了这些方法是什么，还指出了应该在什么情况下运用这些方法。

关注全局，注重细节

　　用户体验研究项目往往需要协调各方资源，并考虑到各种研究相关要素，因此优秀的全局观念以及对细节的把控这两项素质缺一不可。在一个调研项目的计划阶段，用户体验研究员需要收集来自客户或者项目团队的研究需求，并针对研究需求进行项目优先级排序，这便需要用户体验研究员具有很强的全局观念，从而对项目的重要或紧急程度有一个合理的规划。

　　此外，在接下来的筛选用户、招募用户、安排调研时间等前期准备阶段，又需要用户体验研究员能够细心谨慎地处理好项目管理的每一个细节。而随后的调研执行阶段，与用户互动、记录研究数据、对数据进行分析和解读等既需要用户体验研究员能够从全局上对项目方向有所把控，又需要他们能够细心关注每一个数据背后可能隐含的洞察价值。关于如何在研究项目中把控全局但又不失细节，我在本书的第 3 章　研究计划中做了更为深入的探讨。

协作精神

用户体验研究是一项"团体运动"，只有当项目所有的相关成员都积极参与时，研究才能够发挥最大的价值。如果用户体验研究员只是在最后完成了调研报告后组织一次分享，那么调研价值恐怕会大打折扣。好的用户体验研究员总能成功地把产品、设计、运营等所有项目相关的人员囊括到调研项目中来，并帮助他们找到项目中可以贡献各自所长的任务。同时，好的研究员能在发现有价值的用户洞察的同时，说服团队在产品、服务设计中去实践这些用户洞察，从而提升用户体验。

第 5 章　结论的沟通与落地其实强调的也是如何通过有效的团队合作，让调研结论能够在研究的执行过程中提升团队的参与度，进行高效的沟通。

善于建立友好关系

从小我就是一个内向的孩子，走在路上我最怕的就是遇见熟人，跟住在一个院子里的叔叔阿姨，甚至是在同一个学校上学的小朋友打个招呼都会让我紧张到不知所措。可是偏偏就是这样的我却阴差阳错地进入了用户体验研究这个领域，而这个领域也恰恰需要用户体验研究员具有善于寒暄，或者说得专业一点，建立友好关系（Building Rapport）的能力。

在调研中，我们需要迅速和受访者活络起来，几句简单的寒暄能够拉近彼此之间的距离，让访谈在轻松愉快的氛围中展开。而在日常的内部工作团队中，用户体验研究员需要与接触到的产品经理、设计师、运营人员、市场营销人员等建立友好的关系，进而顺利有效地展开接下来的需要多方协作的工作。因此能够展现出友好、善意的个性就显得格外重要了。也正是因为这样，内向的我也开始有意识地培养自己与人寒暄的能力。例如在进行访谈前，即便有时候有助手愿意帮我从公司前台去接被访用户，我也会自己去接他们。在一路上楼的过程中，我可以和他们闲聊几句，问问他们路上花费了多少时间到这里，一会儿结束后是否还要赶回去上班等，还有很重要的一点，就是关切地问上一句他们是否想在访谈开始前先来点咖啡或者茶之类的饮品。

也许想成为一位用户体验研究员的你和我一样都有些内向，但希望我们可以善于利用自己内向的性格进而更细致地观察交流对象的内心诉求，从而营造一个轻松愉快的交流氛围。有效交流并不在于说了多少话，而在于交流是否进行了真实的观点交换。此外，在本书的第 8 章　胜任用户体验研究工作的第一个 30 天中，我也针对如何在入职的一开始与工作伙伴建立友好、信任的合作基础提供了一些建议和方法。

不知道看完以上用户体验研究员所应具有的专业素质和个人素养后，你会不会觉得自己与用户体验研究员这份工作十分匹配？至少曾经在我选择这个行业时我是有这样的感觉的。

1.4　如何进入这个领域工作

虽然说不论哪种专业背景的人都有从事用户体验研究的机会，但是我们还是会有一套严谨的评估标准来选择达到该行业专业素质的候选人。总的来说，这套评估体系可以由 3C 来概括，即：Craft、Communication 和 Commercial Awareness。如果你对 3C 中所涵盖的要求还没有充分的认知，不要紧张，这本书的目的就是帮助你搞明白这些问题。我已经把本书的相关章节标注在对应的能力要求之后，方便大家随时查阅。

1.4.1　研究技能

研究技能（Craft）既包括对研究方法的掌握，也包括对研究流程的把控。在技能方面，对初、中、高 3 个级别的用户体验研究员的要求也是不一样的，如图 1-5 所示。

	初级	中级	高级	本书中的相关章节
具有严谨的数据采集和分析能力	☑	☑	☑	第4章 研究执行 [4.1～4.3] 第5章 结论的沟通与落地 [5.1～5.2]
掌握基础的定性和定量研究方法	☑	☑	☑	第2章 用户体验研究的基础方法与技能 [2.1]
从探索型研究、生成型研究，到评估型研究，能够制订符合产品所处阶段的研究方法		☑	☑	第2章 用户体验研究的基础方法与技能 [2.1～2.2]
能够从研究设计、研究执行、数据分析与合成、到研究结果的分享与落地，独立完成项目流程的每个环节		☑	☑	第3章 研究计划 第4章 研究执行 第5章 结论的沟通与落地
在制订研究计划时，不仅考虑到"战术"层面的研究需求，同时兼顾"战略"层面的研究需求			☑	第6章 用户体验策略 [6.1～6.2]
具有个人的研究专长，能够在研究方法和流程方面给予其他研究员指导			☑	

图 1-5　对不同级别的用户体验研究员在研究技能方面的要求

1.4.2　沟通能力

沟通能力（Communication）是用户体验研究员应该具备的一项非常重要的能力，它贯穿于项目执行前的需求沟通、项目执行过程中的进度沟通，以及项目执行后的洞察分享与结论的推动落地。对不同级别的用户研究员在沟通能力方面的要求如图 1-6 所示。

	初级	中级	高级	本书中的相关章节
具有良好的需求沟通能力，能够将来自产品团队的研究需求拆解为研究问题	☑	☑	☑	第3章 研究计划 [3.1]
项目执行过程中，提升产品团队对研究过程的参与度，推动调研结论的落地	☑	☑	☑	第5章 结论的沟通与落地 [5.3～5.4]
制订合理的项目执行优先级，确保项目在预期时间内交付，有效管理利益相关者对研究项目的预期		☑	☑	第3章 研究计划 [3.1]
具有跨团队沟通协作能力，确保研究洞察能够输送到有需求的产品团队，并以研究洞察为桥梁，促进跨团队之间的协作		☑	☑	第3章 研究计划 第4章 研究执行 第5章 结论的沟通与落地
能够有效利用团队已有的研究、结合行业相关研究。在与利益相关者进行充分沟通后，发现产品现有的机会点和相关的研究需求，进而提出系统性的、具有前瞻性的研究方案			☑	第3章 研究计划 [3.2～3.3]
能够有效推动调研结论的落地，并最终对商业决策具有影响力			☑	第6章 用户体验策略 [6.1～6.2]

图1-6　对不同级别的用户体验研究员在沟通能力方面的要求

1.4.3　商业意识

商业意识（Commercial Awareness）体现在对公司商业模式的充分理解和对用户需求的深刻认知上。只有在以上两个方面具有充分见解，用户体验研究员才能真正具有商业意识。对不同级别的用户研究员在商业意识方面的要求如图 1-7 所示。

对我来说，用户体验研究员真的是一个考验个人综合素质的职业。如果你觉得自己已经具备这些基本素质，并且对这个职业感兴趣，那么或许你应该继续后面章节的学习，了解更多用户体验研究员应具备的专业研究技能和方法。在本书的第 7 章　搞定用户体验研究员面试中，我附上了一份应对用户体验研究员岗位面试的简短攻略，帮助大家去准备一些常见的面试问题。而在第 8 章　胜任用户体验研究工作的第一个 30 天中，我总结了自己用户体验研究职业生涯一路踩过的坑，写了一份手把手教你胜任用户体验研究工作第一个 30 天的攻略，希望能帮助在这一行初来乍到的你，以正确的姿势打开工作局面。

	初级	中级	高级	本书中的相关章节
了解公司的商业运作模式以及当下的增长机会点	☑	☑	☑	**第6章 用户体验策略** [6.2]
充分理解用户体验研究可以在哪些商业策略领域提供附加价值		☑	☑	**第6章 用户体验策略** [6.1～6.2]
充分理解研究项目对公司近期、中期、长期商业目标存在的潜在价值或影响力		☑	☑	**第6章 用户体验策略** [6.1～6.2]
对公司所处的商业竞争环境有充分的认知，并在研究中充分考虑到商业环境对于研究目标、范围的影响			☑	**第6章 用户体验策略** [6.1～6.2]
基于对商业、产品、创新、运营策略的充分了解，加深对商业全局的理解深度			☑	**第6章 用户体验策略** [6.1～6.2]

图 1-7   对不同级别的用户体验研究员在商业意识方面的要求

最后，如果看完以上内容，你发现用户体验研究员并不适合作为自己的职业，我想这也是一个好消息，因为人生就是一个不断地认清自己的过程。

第2章

用户体验研究的基础方法与技能

"所有的模型都是错的，只是有些对我们有用而已。"

——乔治 E.P. 博克斯

"所有模型都是错的，只是有些对我们有用而已。"这是著名英国统计学家博克斯的名言，我想这句话应用到用户体验研究领域也同样适用。

2.1   用户体验研究方法的分类：是艺术还是科学

有人说用户体验研究是科学，因为这个职业需要有严谨的研究方法和缜密的分析能力；有人说用户体验研究是艺术，因为这个职业需要一些对生活的热情、对人性的好奇、对世界的想象，以及一些瞬间迸发的灵感。我想也正是因为这样，用户体验研究才是一门跨专业的学科，它需要将横跨多个学科领域的研究方法贯通在产品研发的不同阶段，让我们更接近事情的真相。

因为用户体验研究方法有很多，对于刚接触这个行业的人来说，最犯难的就是熟悉并掌握所有的调研方法。可是要知道即便对于在这个行业混迹多年的人来说，也很少有人敢说"精通"所有调研方法。但在这一节里，我希望通过介绍用户体验研究方法的基本分类，让大家对于这些方法有一个宏观的认识，从而为后面几节中关于具体方法的探讨打下基础。

用户体验研究的方法通常可以从以下 3 个维度来进行分类，如图 2-1 所示。

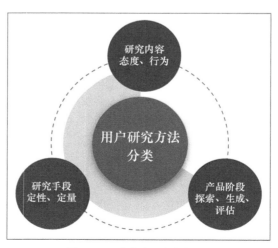

图 2-1   用户体验研究方法分类

● 从研究内容的维度上可以划分为：对用户态度的研究和对用户行为的研究。

● 从研究手段的维度上可以划分为：定性研究和定量研究。

● 从产品研发阶段的维度上可以划分为：探索型研究、生成型研究、评估型研究。

2.1.1 用户态度和用户行为

对用户态度和用户行为的研究可以看作对"用户说了什么"和"用户做了什么"的研究。

用户态度

针对用户态度的研究通常用来理解或者测量用户的主观感受，又因为感受通常是通过自我陈述的方式进行表达，因此我们说"用户态度"研究的是"用户说了什么"。

问卷调研[①]是针对用户态度的常见调研方法，也是市场调研的主要研究手段。通过问卷我们可以让用户陈述对于某项产品功能或服务的主观感受。这些主观感受虽然我们也可以通过用户行为进行主观推测，例如想了解用户对于某个产品功能的感受时，我们可以通过用户行为数据，如该功能的使用频率来判断。但如果我们发现某一功能的使用频率很高，那到底是该功能对用户非常有用，还是该功能的使用方式不清晰而导致用户反复尝试呢？因此，直接了解用户的主观态度依旧是用户体验研究的重要手段。这也进一步揭示了用户体验研究需要结合不同方式、综合不同数据来得到最为真实可靠的分析结果。

用户行为

对用户行为的分析，一度被认为是了解用户真实需求的最佳方法。对于产品经理或

---

① 关于更多问卷调研的说明，将在本章 2.2.7 小节中详述。

数据分析师而言，AB 测试[①]是了解用户行为的常见方法。此外，可用性测试[②]可以帮助我们了解用户操作产品的路径。观察用户的操作行为可以对产品的易用性、一致性、可学习性等相关指标进行评估，从而为产品优化提供参考。

2.1.2　定性研究和定量研究

定性研究和定量研究的区别如图 2-2 所示。

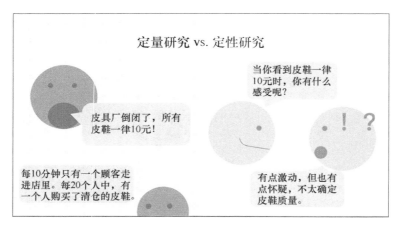

图 2-2　定性研究和定量研究的区别

定性研究（Qualitative Research）旨在了解为什么，通过直接观察和交流的方式去了解用户行为和用户态度背后深层次的原因。用户访谈[③]和焦点小组[④]是非常典型的两种定性调研方法。通过这类调研，用户体验研究员可以直接向用户提问，并根据用户的回答提出更深层次的相关问题，或根据调研目标进行即兴调整，进而从微观层面对用户需

---

① AB 测试是指为 Web、App 界面或流程制作两个版本，并在同一时间维度，分别让组成成分相同的访客群组随机访问这两个版本，从而收集各群组的用户体验数据和业务数据，最后分析、评估出最好的版本。
② 关于更多可用性测试的说明，将在本章 2.2.3 小节中详述。
③ 关于更多用户访谈的说明，将在本章 2.2.1 小节中详述。
④ 关于更多焦点小组的说明，将在本章 2.2.2 小节中详述。

求、使用场景等问题进行深层次的挖掘和剖析。

而定量研究（Quantitative Research）旨在了解程度如何、规模多大，因此定量研究多通过问卷或者分析工具以间接的方式去采集用户行为和用户态度的相关数据。问卷调研和线上用户行为数据分析是常见的定量分析方法，这样的方法通常能够采集大规模的数据，因而能够帮助我们从宏观层面去评估通过定性研究得到的用户洞察到底具有多大的影响层面，以及影响程度如何。

图 2-3 总结了定性研究和定量研究各自的优势和劣势。我们在调研中对于选取定性还是定量的研究方法需要根据调研目标和产品、服务所处的研发阶段来选择。

	优势	劣势
定性研究	• 了解"为什么"，探索问题背后深层次的问题 • 研究过程中可以针对重要关注点进行追问补充，或及时调整关注点以获得意外的调研收获	调研样本较小，容易因为抽样不准导致结论出现偏差
定量研究	• 了解"程度""规模"等宏观问题 • 数据量大，可以有效避免因样本偏差而带来的误差	• 受限于调研前期对于问题的了解和假设，无法对未知领域进行更广泛的探索 • 无法根据用户回答进行进一步的深入了解

图 2-3 定性研究和定量研究各自优势和劣势的对比

2.1.3 探索型研究、生成型研究和评估型研究

研究方法的选择取决于你研究的产品、服务所处的研发阶段，如你的研究或许需要从零开始去探索用户需求，又或许需要对已有产品进行测试以实现优化。根据产品不同阶段所需要的调研类型，我们可以把研究类型分为以下 3 种。

● 探索型研究：产品研发初期，产品还不存在或还处在初期概念阶段，旨在帮

助产品定义所服务的用户需求或待解决的用户痛点。

● 生成型研究：产品研发中期，已经对用户需求和痛点有所了解，需要通过研究来找到设计解决方案。

● 评估型研究：已有产品原型或已上线产品，旨在评估现有产品设计。

不同研究阶段下常用的研究方法如图 2-4 所示。

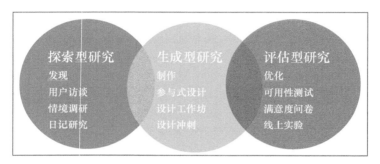

图 2-4   不同研究阶段下常用的研究方法

小贴士：在用户体验研究员的日常工作中，当我们和产品团队沟通完调研需求后，也是根据以上 3 个调研维度来确定研究方法的。

● 产品处于什么阶段？需求探索、设计生成或功能评估。

● 我们想要了解的是什么？用户态度或用户行为。

● 了解这个问题背后更深层次的含义是什么？用户为什么这么做或这么想（定性研究）、有多少用户是这么做或这么想的（定量研究）。

2.2 用户体验研究方法：数据导向，人性驱动

我们把常见的研究方法放入以"定性研究—定量研究""用户态度—用户行为"为

横纵坐标的 4 个象限中，如图 2-5 所示。在这个坐标轴中你或许会发现，其实很多种方法既可以作为定性研究方法，又可以作为定量研究方法；既可以搜集用户行为数据，又可以搜集用户态度数据；既可以用于探索型研究，又可以用于生成型研究，还可以用于评估型研究。因为每一种方法都具有自己的特殊性，所以在这一节中，我们会针对每一种研究方法进行详细的解释，并在介绍每一种调研方法时，都标注这种调研方法在各个分类维度上的详细分类信息。

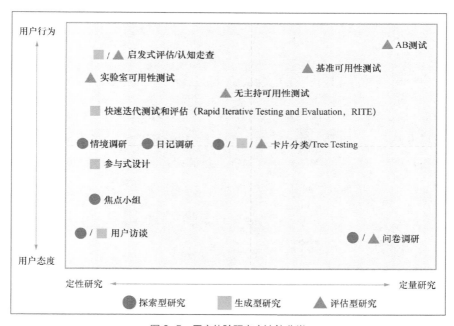

图 2-5　用户体验研究方法的分类

2.2.1　用户访谈

用户行为 / 用户态度　定性研究 / 定量研究　探索型研究 / 生成型研究 / 评估型研究

什么是用户访谈

用户访谈（User Interview）是非常常见的用户调研方法。通过用户访谈，用户体验研究员可以了解用户使用产品或服务的场景、感受以及预期等。与焦点小组不同的是，用户访谈是一对一的形式，因此用户体验研究员可以就某一话题与受访用户进行更为深度的沟通，而受访用户也更不容易被其他在场用户的观点所影响。因此，我们说用户访谈是能深入、有效获取用户数据的调研方式，这也是为什么这项调研方法被业界广泛采用的原因。

用户访谈分类

用户访谈方式的选择取决于我们的调研目标，用户访谈的方式可以分为以下 3 种。

- 非结构式用户访谈没有严格的访谈脚本，取而代之的是松散的访谈话题大纲，以方便用户体验研究员根据用户的回答找到关键信息点进行追问。访谈过程中，用户体验研究员可以随时进行访谈问题的调整。非结构式用户访谈通常用于产品设计之前的探索型研究，避免由于我们自身的认知局限而带来的限制。

- 结构式用户访谈具有非常严格的访谈脚本，通过访谈获取每一位受访用户对于这些问题的观点态度数据。

- 半结构式用户访谈是以上两种类型的结合，当研究员需要了解某些固定维度上的用户态度数据，而又希望保持一定的灵活度的时候就可以采用这种方式。事实上，这也是我在访谈项目中最常采用的方式。

什么时候采用用户访谈

由于通过用户访谈可以让我们很好地了解到用户对于我们产品、服务的态度和观点，因此它使用的场景也非常广泛。

- 在产品设计之前：用户言谈用于探索产品需求点、使用场景、使用流程、目前产品解决方案所存在的痛点、惊喜点等。通过用户访谈获取的用户洞察通常之后会被来创建用户角色原型、用户体验地图等。

- 在产品设计中：用户访谈结合可用性测试，在测试完成后通过用户访谈采集用户的主观感受数据。但这里需要注意的原则是，我们要先对用户行为进行观察，然后再进行访谈提问，不然我们的问题将会影响用户的真实行为，最终影响测试的可信度。

- 在产品上线后：可以在情境访谈中加入用户访谈的内容。例如当研究员观察到用户在真实的使用环境下具有某一行为，而研究员认为对了解用户需求非常有帮助时，研究员就可以在此情境下向用户提问，了解该行为背后的动机。同样的，在情境访谈结束后，研究员还可以再对一些刚才观察到的点对用户行为进行提问。关于情境访谈的具体内容，我们会在本章的 2.2.8 小节中进行更为深入的叙述。

小结

用户访谈是一种可以简单、快速了解用户想法、感受的调研方法。由于用户访谈采集的主要是用户态度的数据，因此在采用这种方法的同时，建议辅助其他能够采集到用户行为的调研方法来更为全面地了解用户。关于用户访谈的具体步骤和注意事项，我们将会在本书的第 4 章　研究执行中深入探讨。

2.2.2　焦点小组

用户行为 / 用户态度　定性研究 / 定量研究　探索型研究 / 生成型研究 / 评估型研究

在选择这本书里要介绍的研究方法时，我犹豫了很久到底要不要把焦点小组纳入进来。或许你会说焦点小组是再经典不过的研究方法，当然要介绍，但或许你说的是焦点小组在市场研究领域中的应用。在用户体验研究领域，焦点小组这种方法真的备受争议，甚至有一些"坏名声"。但我想关于焦点小组，如果用于探索合适的研究话题，且按照正确的方式执行，那么它会是一个合适的方法。

什么是焦点小组

焦点小组（Focus Group）是有主持人在场，由 5 ～ 10 位参与者组成讨论小组，通过焦点小组，研究员可以了解到用户对某一产品概念、品牌形象、产品或服务使用体验的态度和感受，如图 2-6 所示。在焦点小组中，研究员通常能够直接观察到用户对这个话题的第一反应，并通过引导用户之间的讨论，获得意想不到的新想法。也因如此，焦点小组通常用于产品研发初期，为团队提供新产品、服务的定位的灵感。

图 2-6 焦点小组

什么时候使用焦点小组

焦点小组是产品处于探索阶段时的有效调研手段，因此可以在以下情况下考虑进行焦点小组。

- 当你刚开始探索某一个产品时，可以通过焦点小组招募产品的潜在用户，以了解他们对产品的需求和对应的需求场景有哪些。如果他们还有竞品的使用经验，那么可以邀请他们聊一聊竞品吸引他们的地方是什么，以及竞品还有哪些地方是值得改进的。

- 当你和你的团队刚开始接触某一个产品或服务的话题，并且想知道接下来的产品开发或更深入的调研可以从哪些方面入手时，也可以通过焦点小组来"摸底"。例如，我们想了解家庭型用户在使用电商时都有哪些需求，是否和其他用户群体在行为上有差异时，这时候除了可以去分析线上数据外，另外一个有效的途径就是通过焦点小组，分别对家庭型用户和其他用户类型进行调研，快速了解不同群体在购物需求和行为上的差异，进而确定后续研究的重点。

- 当你的研究时间非常有限，或希望通过某一种调研形式，让产品团队的利益相关者，甚至是总监、副总裁、CEO 等公司决策层参与到调研中来时，那么焦点小组便是一种高效获取用户洞察的调研方式。

既然说焦点小组是一个备受争议的调研方式，那么什么时候不要使用焦点小组呢？

- 可用性测试。焦点小组绝对不是用于可用性测试的合适方法，不要在小组讨论的环境下让每个参与者使用你的产品并给出建议。

- 对产品设计细节的主观反馈。焦点小组中会有多个用户，如果你直接问每个用户对于某个功能点或者设计原型的主观反馈，很有可能他们的观点会受到在场其他人的影响。

总的来说，要通过焦点小组尽可能地了解用户的使用场景这类比较宏观全局式的问题，不要试图从焦点小组中获得用户对于某一具体细节的明确偏好。

使用焦点小组的注意事项

- **用户招募与分组**。除了根据研究目标制订用户招募条件外，由于焦点小组通常会进行多个场次，因此将用户合适地划分到不同场次中也是至关重要的。一般情况下，我们会把有相似特征的用户分为一组。例如在访谈用户对于促销活动的态度时，我们将家庭用户和单身用户进行了分组，因为我们认为这可能是影响用户行为的重要关键变量。

- **准备访谈提纲**。在用户访谈中你或许可以准备一个访谈脚本，使一对一的谈话会更加可控。如果你想确保和每一位用户的访谈内容都是一致的，那么访谈脚本可以帮助你确保缜密无误地执行访谈。但是对于焦点小组来说，由于参与的人数较多，话题也比较发散，访谈脚本很难在活跃的对话中起到作用，且太过细致的规划反而会让你觉得手足无措，因此准备一份访谈提纲就可以了。

- **准备名牌**。由于在座谈会中，你和其他参与者会一次性见到多个陌生人，为大家及主持人准备一个名牌贴在身上能够有效拉近你们之间的距离。毕竟当你想叫某个人的时候能随时叫上名字来，你会觉得轻松很多，对方也会感到亲切一些。

- **安排座次**。安排座次也是为了营造轻松和互动性强的谈话氛围。座次的安排原则是让背景相似的受访者不要坐在一起，以避免他们在会上组成小的对话圈子。另外，特别活跃和特别不活跃的用户一般安排在主持人两侧，以便主持人控制对话场面。关于如何辨别特别活跃和特别不活跃的用户，一方面在招募用户时可以进行辨别，另一方面在用户到达会场后，主持人也可以通过简单的一对一快速交谈进行了解。

- **破冰**。这里的破冰除了用户之间的"破冰"之外，还包括主持人和每个用户之间的"破冰"。在进行焦点小组前，我总会要求用户提前半小时到达会场，这样可以让我与每个用户有一些单独接触的时间。一对一的简单对话可以拉近主持人和用户之间的关系。此外，在正式展开研究问题的探讨前，安排参与焦点小组的用户进行自我介绍也是"破冰"的重要环节。

- 控制谈话节奏。和用户访谈一样，作为主持人的你既要控制每个话题的讨论时间，又要根据调研目标随时调整话题方向。此外，如果在讨论中你发现某一个或几个用户占领了发言上风，则要及时鼓励其他用户发言来平衡局面，否则你的焦点小组将不能发挥作用。

- 及时总结。在焦点小组结束前，主持人应总结今天讨论的主要观点，并向用户确认总结是否正确、是否有哪些误解，或者有哪些观点遗漏。

小结

在我看来，焦点小组是所有调研方法中非常考验用户体验研究员综合能力的调研方式。使用得当，你将得到很多意料不到的新想法和观点；使用不当，你获得的只是用户迫于群体压力而得出的中庸甚至不真实的观点和建议，最后甚至得出和事实相反的结论。

2.2.3　可用性测试

用户行为 / 用户态度　定性研究 / 定量研究　探索型研究 / 生成型研究 / 评估型研究

什么是可用性测试

可用性测试是一种通过观察用户使用某一产品完成一系列任务，从而对产品的可用性进行评估的用户体验研究方法。用户体验研究员一般会给测试用户一个或多个可以反映产品可用性的典型测试任务，并要求用户进行出声思考[①]。通过观察用户完成测试任务的过程，综合用户出声思考表达出来的想法、态度，产品的开发团队可以发现产品所存在的问题。

关于产品的可用性，可以分解为 5 个方面来理解[②]，如图 2-7 所示。

1	可学习性	初次使用时用户完成任务的难易程度
2	效率	用户完成任务的时间效率
3	可记忆度	用户一段时间没有使用产品，当再度使用产品时，重新回到熟练程度的难易度
4	出错率	当用户使用产品时会出现多少错误，这些错误有多严重，从错误中恢复的难易程度如何
5	满意度	用户对产品是否满意、是否愉悦

图 2-7 可用性测试考察的 5 个产品可用性维度

可用性测试的分类

● 定性可用性测试又称为实验室可用性测试，因为这种可用性测试一般在实验室的环境下进行。定性可用性测试由于采取的是直接观察法，因此可以在用户完成测试任务后，对被试者进行相关追问，从而了解他们产生某些操作背后的原因和思考。由于定性测试一般都有主持人进行观察和提问，因此定性可用性测试通常都是有主持的可用性测试。

● 定量可用性测试一般针对某几个可用性测试指标进行测试（如效率、出错率

---

① 出声思考是一种搜集数据的方法，用于产品设计与开发、心理学和一系列的社会科学中的可用性测试。它要求被试者在完成任务时说出自己当时的想法、行动和感觉。

② Nielsen, J. Usability 101:Introduction to Usability. NN/g Nielsen Norman Group. 2012.

等），通过测试大量用户来得到更为客观准确的可用性数据。和定量研究的特点一样，定量可用性测试旨在评估可用性问题的规模有多大，以及严重程度如何等问题，具体为什么会产生这样的问题则通过定性可用性测试来获得。说到这里，有必要向大家介绍基准可用性测试。

由于定量可用性测试的结果都是量化的，分析这些数据背后所反应的产品问题并没有定性可用性测试那么直观。

例如，通过一次测试我们发现，用户完成注册流程平均花费 8 分钟。那么这个数据到底说明注册流程是简单还是困难呢？在没有和竞品比较或者和之前版本比较的基础上，我们很难解释这个数据，于是这时候就需要进行基准可用性测试了。因为通过基准可用性测试，我们可以对比新旧版本，或者新版本与竞品之间在各个可用性指标上的差异，从而判断产品在可用性上的变化。

由于定量可用性测试需要更大的用户样本（我们将在本节的后面详细说明具体样本量是多少，因为这确实是一个困扰太多人的问题），因此很多时候我们采用无主持可用性测试来进行数据采集。无主持可用性测试顾名思义就是测试中没有主持人，用户独自完成测试任务。尽管这导致了我们没有办法和用户进行直接的互动，但目前一些无主持可用性测试工具提供了问题追问的功能，也就是当我们看到用户的测试录影后，如果发现有我们特别感兴趣的用户行为，我们还可以再联系用户，进行问题追问。

Usertesting 网站和 Userzoom 是现在市面上非常常见的无主持可用性测试工具。使用这些工具，我们可以更快地采集到产品的可用性数据，因为当我们编辑好任务脚本和对应的产品原型后，就可以上传到这些平台，等待通过了甄别问题符合测试标准的用户接受任务。当他们完成任务后，任务录影就会被直接上传到平台，然后我们就可以点击查看了。

什么时候进行可用性测试

可用性测试应该贯穿整个设计过程，而在不同的设计阶段，采用的可用性测试方法略有不同。图 2-8 把什么方法应用到具体哪个设计阶段进行了一个比较直观的解释。

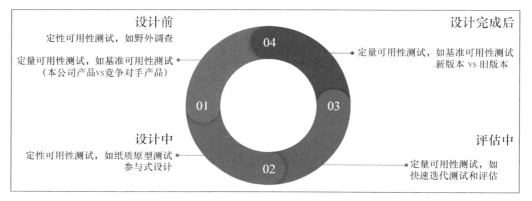

图 2-8   设计阶段及对应的可用性测试类型

● 设计前。在设计还没有开始前，可以通过可用性测试找到现有产品存在的问题，从而更加明确设计方向。

  ○ 通过野外调查（Field Study），我们可以观察用户在真实的使用情境下是如何使用我们的产品的，这样我们也能更为直观地了解到我们在下一步设计中应该优化的设计。

  ○ 基准可用性测试（Benchmark Usability Test）可以帮助我们找到产品和竞品之间存在的可用性差距，了解到具体在哪些可用性维度（可学习性、效率、可记忆度、出错率、满意度）上我们还需要提升。

● 设计中。对于可用性测试或许存在一个常见的误解，那就是只有在产品已经设计完成后我们才需要进行测试。但实际上，越早将可用性测试融入设计过程中，就越能在更大程度上降低设计风险。设计过程也是引入可用性测试的重要环节，而这个环节的可用性测试则是以定性可用性测试为主。纸质原型测试和参与式设计[①]可以融为一体，组成我接下来想向大家介绍的测试方法：RITCoD。

RITCoD（Rapid Iterative Test & Co-Design）

RITCoD 即快速迭代测试和参与式设计。从名字上就可以看出这是一种把测试和参与式设计相结合的研究方法。

RITCoD 旨在产品设计的初始阶段就对设计的概念进行测试，因此当设计师还只有纸质原型或者故事板的时候就可以招募用户进行测试了。测试的过程中，用户也可以随时在已有的设计上进行修改，并和设计师沟通为什么需要进行这样的修改，以及相关的使用场景是什么样的。

在这个阶段采用纸质原型会比采用低保真度线框图有更好的效果，因为当设计方案以草图的方式呈现在用户面前时，更有一种"未完成"或者说"待商榷"的感觉，此时用户在给予相关设计建议时的心理负担也就更小。对于这个阶段的测试，不完美的测试方案（纸质原型）也是一种美。

- 评估中。在设计原型完成后，当产品已有基本的交互效果时，我们便可以进行 RITE（Rapid Iterative Test & Evaluation），即快速迭代测试和评估了。在这个阶段进行如此高强度的快速迭代测试和评估的目的是让产品在还没有投入开发时，就尽可能多地发现现有设计的可用性问题，以节省后续的开发成本。

和一般的可用性测试相比，RITE 在于不需要等到所有测试完成后再跟团队沟通产品的可用性问题，相反，产品的迭代设计贯穿于整个测试周期。图 2-9 是一次 RITE 的

---

① 关于更多参与式设计的说明，将在本章 2.2.5 小节中详述。

周期示意图，产品会在完成两轮用户的测试后根据用户反馈进行快速迭代设计，再进行两轮测试，继续一次迭代，然后完成最后两轮测试。此时对所有数据进行汇总，得出最终设计方案。

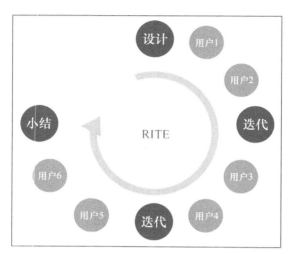

图2-9　快速迭代测试和评估的周期示意图

● 设计完成后。和第一阶段（设计前）类似，我们可以通过基准可用性测试来对比评估新旧版本在可用性维度上（可学习性、效率、可记忆度、出错率、满意度）的提升程度，从而决定是否要对新版本进行下一步的线上测试。

小结

可用性测试是所有用户体验研究方法中，实践性非常高的调研方法，因为测试的产出通常可以给产品团队带来非常直观的产品改进建议。正因为如此，可用性测试是接受度最高的用户体验研究方法。但值得注意的是，可用性测试也具有自身研究方式的局限，即它仅限于我们对于已有产品的既有功能的研究，不适于对用户需求和使用场景的探索。因此，如果产品还处于前期需求探索阶段时，作为用户体验研究员，你需要为产品团队指明其他更有效的调研方法。由于可用性测试同样也是用户体验研究的常见调研类型，因此关于可用性测试的具体步骤和注意事项，我们将会在本书的第 4 章　研究执行中深入探讨。

2.2.4　启发式评估和认知走查

用户行为 / 用户态度　定性研究 / 定量研究　探索型研究 / 生成型研究 / 评估型研究

在实际的用户体验研究工作中，启发式评估和认知走查是两项经常与可用性测试一同提及，但很少被应用的研究方法。我想很少被应用的主要原因是我们太强调用户体验问题要"出自用户之口"，而忽略了对于体验问题的自我审查。但事实上启发式评估和认知走查都是成本较低的发现可用性问题的方法。

将启发式评估和认知走查放在一个小节中还有另一个原因，那就是这两种方法经常被大家混淆，我想概念的含糊不清也是这两种方法很少被应用的原因之一。于是这里我将这两种方法分别描述后还会进行相关对比，以方便大家理清头绪，如图 2-10 所示。

研究方法	测试内容	对评估者的要求	是否需要招募用户	时间成本	开销
可用性测试	各阶段的设计原型：可学习性 / 效率 / 一致性 / 防错 / 自由度	普通用户	是	高	高
启发式评估	早期设计原型：可学习性 / 一致性 / 防错 / 自由度	用户体验专家	否	中	低
认知走查	早期 / 中期设计原型：可学习性	产品团队成员或用户体验专家	否	低	低

图 2-10　研究方法对比

2.2.4.1　启发式评估

什么是启发式评估

和可用性测试、认知走查一样，启发式评估也是可用性检测的方法之一。这种方法一般由可用性专家根据一系列可用性或用户体验准则，对产品原型或正式产品的可用性进行评估。因此和可用性测试相比，启发式评估最大的不同就是评估产品可用性的不是真实用户，而是可用性专家。

可用性准则有很多种，但其中最有名的是尼尔森的十项可用性准则[①]。

1．系统状态的可见性

系统应让用户知道目前正在进行什么操作、操作到了哪一步，并在合理的时间内给予用户反馈。

2．系统设计与真实世界的吻合度

系统应该使用用户熟悉的语言（包括表述方式、概念等）。系统的设计应根据真实世界的规则、传统，让信息的呈现更为自然和符合逻辑。

3．让用户可以操控，并给予用户自由度

如果用户进行了错误操作，系统应该提供带有清晰标注的"紧急出口"以帮助用户立即离开，而不用经历冗长的对话框。系统应该为用户提供撤销功能。

4．一致性与标准性

用户不用担心不一样的词汇或者操作会出现同样的操作结果。

5．防错性

精心设计错误提示，以防止用户进入错误操作。尽可能降低出现错误操作的可能性，或当用户可能进入错误操作时，一再与用户确认这是否是他们想要进行的

---

① Nielsen, J. 10 Usability Heuristics for User Interface Design. NNg/Nielsen Norman Group. 1994.

操作。

6．识别而非记忆

提升界面、操作、选项的可见性，可以帮助用户减少记忆负担。系统操作的帮助文档应该能够被轻松找到。

7．灵活度和使用效率

系统应为熟练用户提供快速操作的捷径，让用户能够自定义常用的操作。

8．美感与极简设计

如非必要，不要增加冗余信息和装饰设计。

9．帮助用户发现操作错误，并从错误中恢复

错误提示信息应该以最简单平实的语言表述出来（不要包含代码），并精确地指出问题所在，以及说明解决方案。

10．帮助文档

尽管系统最好是不用操作文档就让用户能够上手操作，但提供帮助文档仍然是必要的。这类信息应该能够被轻松地找到。帮助文档应关注用户的操作任务，以及针对这些任务有详细但并不冗长的操作步骤以帮助任务的实现。

启发式评估的分类

启发式评估可以分为 3 大类。

- 以设计元素为基础的启发式评估。该类的评估者一般针对一系列的设计元素进行评估，这些设计元素包括导航、对话窗口、菜单、表格等。

- 以用户任务为基础的启发式评估。该类评估会给予评估者若干测试任务，并让评估者根据可用性准则对完成测试任务中遇到的可用性问题进行报告。

- 设计元素和用户任务相结合的启发式评估。该类评估是以上两种方式的结合，一般先进行测试任务，然后再针对每一个设计元素进行评估。

何时进行启发式评估

进行启发式评估的最大目的是在尽量短的时间内或花费最少成本的情况下，找到尽量多的可用性问题。不可否认，很多时候我们会认为任务启发式评估是一种折中的可用性测试，但启发式评估还具有另外一个重要作用，即让团队成员充当评估专家，给予他们一个对可用性准则的认知提升机会。

2.2.4.2　认知走查

什么是认知走查

认知走查是评估产品或服务的可学习性的一种可用性评估方法。认知走查通常由一个或者多个可用性评估专家按照用户任务流程完成一系列的操作，并逐一评估用户是否能够通过现有的设计明白如何进行每一步的操作从而顺利完成任务。

何时进行认知走查

虽然可以在产品设计的任何阶段使用认知走查，但这个方法最适合在产品刚完成功能定义并具备初步的设计原型的时候使用。认知走查可以基于产品框架文档、纸质原型、低保真度的交互设计稿或者高保真度的交互设计稿进行。

2.2.5　参与式设计

用户行为 / 用户态度　定性研究 / 定量研究　探索型研究 / 生成型研究 / 评估型研究

什么是参与式设计

参与式设计是一种把用户引入设计过程并积极参与设计解决方案的设计方法。虽然它是一种设计方法，但因为其中涉及对用户需求、使用场景的研究和解读，所以也是一种设计和研究紧密结合的综合性方法。

但要注意的是，虽然我们让用户参与到设计的过程中来，但我们并不是要让用户帮我们完成设计工作，也不是把用户在设计过程中所阐述的观点原封不动地搬到我们的最终设计中去。参与式设计是帮助我们在了解了用户需求后，关于如何把用户需求反映到设计方案而进行的设计方向的探索和研究。

什么时候进行参与式设计

- 在产品已具有初期概念时，邀请用户在纸质原型上进行设计改进是最常见的。

- 比较少被提及的是产品改版设计之前。在产品改版设计之前，参与式设计可以帮助产品团队更好地了解用户使用场景、功能的需求，以及搜集一些意料不到的"灵感"。

情况 1：产品已具有初期概念或设计原型，通过参与式设计评估并优化产品设计

当你的产品处于概念初期时，参与式设计更多的是测试当前的设计是否能够解决用户在产品使用场景下的需求。这时候我更推荐采用纸质原型进行接下来的参与式设计和评估。

利用纸质原型不仅可以测试产品的用户界面设计，还可以测试交互流程是否合理，甚至可以测试整个界面的信息架构是否符合用户的心智模型。

此外，以纸质的方式呈现产品原型能够更好地激发用户的灵感，或者说减轻他们的心理负担。通过纸质原型，他们可以在自己认为需要改进的地方进行评论标注，也可以直接在原型上通过彩笔、我们事先准备好的设计元素（如按钮、界面组件等）、剪刀、卡片等进行设计修改，如图 2-11 所示。

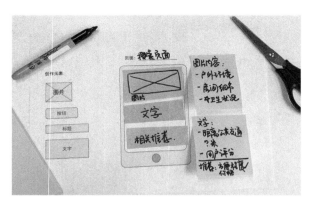

图 2-11　参与式设计

在组织纸质原型设计的时候，可以选择让用户分组设计，也可以选择让每一个用户进行单人设计。我的建议是，对于复杂的系统设计，选择单人设计能更好地帮你建立与用户的深入对话机制，后续可以了解更多细节问题。但对于一些简单的界面设计，或者希望参与者的压力更小一些，又或者希望能在更短的时间内采集更多用户的反馈，那么分组设计或许是更好的方式。

在用户完成了设计后，作为主持人，你可以逐一查看用户对原型进行的修改，并询问用户进行设计修改的原因。在这里要注意的是，你要更为关注用户指出的与使用场景相关的原因（如按钮放在这个位置会导致我的误操作，因为我一般在地铁上阅读博客文章），而对于个人偏好的原因（如用户说我就是喜欢圆形的设计，或者我就是觉得紫色比蓝色好看）则不必深究。

在参与式设计中，对于用户的设计你应该关注以下关键点。

● 用户对于产品使用流程的预期，以及这些预期将如何影响内容、界面元素的组织。

● 用户是如何处理各个界面元素的重要级的，这也反映了他们对于不同内容的需求程度。

- 对于用户而言，理想的设计是怎么样的。和用户的理想设计相比，现有的设计还缺少哪些内容？

情况 2：产品还没有初期概念，希望通过参与式设计探索设计灵感

由于这种方式更偏探索性，因此需要投入的时间也更多，通常情况为期 3 ~ 4 小时。图 2-12 所示为参与式工作坊的环节设置。

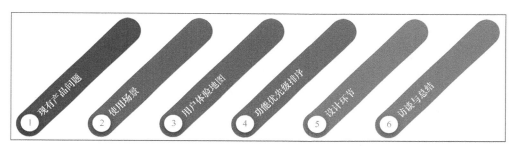

图 2-12   参与式设计工作坊的环节设置

- 现有产品问题

作为工作坊的第一步，指出现有产品的问题是重要的热身环节。此外，让用户以开放的态度指出产品问题，也是建立用户与产品团队彼此信任的重要步骤。

- 使用场景

这一环节的目的是让用户对于产品使用的场景有一个全局式的回顾。在工作坊中，这种让用户能够由广入深，逐渐进入状态的环节也是非常必要的。通过回顾使用场景，我们能更好地激发用户对于产品使用的痛点与惊喜点的回忆。

- 用户体验地图

把用户回顾的使用场景以时间轴的形式组成用户体验地图，并把相对应的痛点和惊喜点对应到每个场景下。根据每个场景下的痛点和惊喜点，想出解决产品问题的方案。

● 功能优先级排序

这时候我们大概已经有了好多个产品优化方案了，因此这一步要完成的是选出这次工作坊要关注的解决方案。我们可以按照方案对于用户使用的影响程度来进行投票决定。

● 设计环节

通常设计环节对于普通用户来说会有一些压力，这时候作为主持人，你的工作就是帮助他们缓解压力。你可以说：这不必是一个完整的设计方案，你可以以对话的形式写出你想要的设计交互是什么样的；或者你也可以回顾一下你平时使用的产品设计是什么样的，在此基础上你希望如何改进。通常情况下，为了帮助用户更好地上手设计，如图 2-11 所示，我会为他们提供一些设计元素组件，通过纸质的形式让他们可以将组件进行组合从而形成"设计原型"。

● 访谈与总结

在用户设计的过程中，作为主持人，我们要仔细观察哪些设计是"符合"用户在前面阶段描述的使用场景的，而哪些又是看上去与使用场景描述"不相符"的设计。在用户完成设计后，我们可以通过访谈提问的形式了解他们设计背后的思考。当然很有可能出现用户说的和做的不一致的情形，但也有可能他们在设计中又有其他考虑。这都是最后的访谈与总结中我们要细致了解的。

小结

许多企业虽然都一再强调自己在进行以人为本的设计，但以用户需求为驱动的设计却往往只发生在产品设计前期的探索阶段，或产品设计完成后的评估阶段。参与式设计适用于贯穿产品设计前、中、后期的每一个阶段，可以为设计师带来更多元的用户视角。

2.2.6　卡片分类与逆向卡片分类

用户行为 / 用户态度　定性研究 / 定量研究　探索型研究 / 生成型研究 / 评估型研究

什么是卡片分类

卡片分类（Card-Sorting）是一种通过了解用户是如何将测试的概念按照自己的认知标准进行分类，从而帮助我们理解用户的心智模型，设计出符合用户预期的信息架构的用户体验研究方法。

心智模型

心智模型指的是我们对事物是如何运作的理解方式。它体现了我们对周边世界以及它的组成部分之间关系的理解。

也许这个概念非常抽象，因此举个例子方便大家的理解。例如，我们在预订旅行住宿时，发现有很多种住宿类型可以选择，如酒店、民宿、家庭旅馆等。当我们进行购物决策时，我们的心智模型体现了我们是如何理解这些住宿类型各自具有的特性，如何根据我们理解的这些特性对这些住宿类型进行分类，以及如何根据自身的情境选择适合自己的住宿类型的整个决策过程。

什么时候进行卡片分类调研

由于卡片分类是用于探索用户是如何理解和分类信息的调研方式，因此这个方法适用于以下情况。

● 对一个新网站进行信息架构设计，或对现有网站进行信息架构改版时，可以通过卡片分类了解用户的心智模型。

- 对网站导航、目录、筛选栏进行设计或重新设计时，可以通过卡片分类了解用户对信息分类的理解方式。

- 希望了解用户的决策流程和决策因素的重要程度时，可以通过卡片分类以更直观的、视觉化的方式展示决策流程顺序，以及各个决策因素的重要程度排序。

举个例子，一个美妆网站，他们有 50 种护肤品，在设计网站导航栏的时候，护肤品应该如何分类呢？是按照品牌分类，还是按照功效分类，或者按照使用的面部部位分类？这时候我们就需要通过卡片分类来理解用户的心智模型，设计出最符合用户预期的信息分类方式。

图 2-13 所示的网站的护肤品分类就存在多个维度，因为用户在搜索护肤品时的心智模型是不同的。

- 按照功效分类：保湿、去皱、抗痘……

- 按照部位划分：眼部、唇部、颈部……

- 按照时间划分：日间保养、夜间保养……

卡片分类调研的类型

卡片分类调研按照分类的开放程度，可以分为开放式卡片分类和封闭式卡片分类两种；而按照调研样本的数量，可以分为定性卡片分类调研和定量卡片分类两种。

- 开放式卡片分类

开放式卡片分类是最常见的卡片分类调研方法。在这种方法中，待测试的概念已经分别写在了单独的卡片上，但具体分类的名称是没有的，这些概念可以划分成多个类别且没有数量限制。在一些情况下，用户体验研究员甚至会设置空白的卡片，让用户可以根据自己的理解新增一些待测概念中并没有涵盖到的概念名称。

图 2-13　网站首页

　　如果以旅行住宿类型来举例，在图 2-14 所示的卡片中分别有酒店、民宿、酒店式公寓、客栈、露营、别墅、度假村、房车、青年旅店、家庭旅馆这 10 种类型的住宿。在开放式卡片分类中，分成多少类，以及各个分类的名称都是由被测试用户根据自己的认知来决定的。

图 2-14　开放式卡片分类

● 封闭式卡片分类

与开放式卡片分类用于探索用户的心智模型不同，封闭式卡片分类是一种评估型调研方法，用来评估有多少用户的心智模型是"符合"现有的分类方式的。在封闭式卡片分类中，所有待分类的卡片同样会分别写在单独的卡片上，但与开放式卡片分类方式不同的是，卡片的类别是已经限定好了的。

如果还是以旅行住宿类型来举例，同样是酒店、民宿、酒店式公寓、客栈、露营、别墅、度假村、房车、青年旅店、家庭旅馆这 10 种类型的住宿，如图 2-15 所示。但这些类型在封闭式卡片分类测试中，会被要求必须划分到酒店、民宿、户外 3 大类别下。

图 2-15　封闭式卡片分类

于是这就造成了封闭式卡片分类的诟病：我们在对设计进行评估时，不应该看多少用户"符合"我们的设计模式，而应该让我们的设计符合用户的心智模型。因此封闭式卡片分类也逐渐成为一种备受争议的调研方法，取而代之的则是逆向卡片分类（Tree Testing）。图 2-16 所示为通过 Optimal Workshop 进行 Tree Testing 测试的界面。

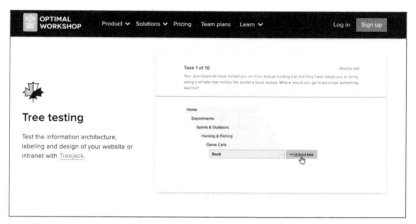

图 2-16　Tree Testing 示意图 [①]

逆向卡片分类（Tree Testing）

逆向卡片分类是一种通过观察用户的查找路径来评估网站设计的可检索性的调研方式。它被称为卡片分类的反向测试，但也被囊括到卡片分类这个大的研究方法类别中。

网站的信息架构通常都是由不同层级的话题和子话题组成的树形系统，因此逆向卡片分类提供了一种了解用户在现有的信息架构层级中找到需要的信息的测量方法。在逆向卡片分类中，我们会给用户一个常见的使用场景作为测试任务，然后观察他们是如何通过现有的信息架构来完成这个任务的。

如果还是以旅行住宿类型来举例，此时的任务就可以是你和你的家人要去旅行，你需要你的住宿带有厨房，因为你孩子的每日早餐需要一些特别的准备。请你根据以下分类找到符合你要求的住宿类型。

通过逆向卡片分类的测试，我们希望了解以下信息。

● 用户能够通过现有的信息层级找到需要的信息吗？

● 他们能够直接找到吗？还是需要尝试多次？

---

① 图片来自 Optimal Workshop 官网。

- 如果他们找不到某个信息，他们在哪里迷路了？去到了哪里？

- 面对现有的信息架构，他们能轻松地确定自己想要找的内容是什么吗？

- 总体上，现有信息架构哪部分是符合用户心智模型的，哪部分还需要改进？

- **定性卡片分类**

定性卡片分类采取的是与用户面对面测试的方式，除了可以观察用户对卡片的分类方式外，还可以对他们之所以采取这样的分类方式进行进一步的询问。例如，有哪些卡片你觉得可以分到多个分类下、有哪些卡片你觉得无法分类到任何类别下等。

- **定量卡片分类**

和定量可用性测试一样，这类任务一般可以通过一些网上调研工具来完成。与定性卡片分类相比，定量卡片分类会让你无法根据测试情况进行相关的追问，因为用户会根据调研工具中已经设置好的任务描述，把待测试的概念拖入符合自己心智模型的类别下，然后提交自己的分类结果。但好处也和其他定量调研一样，你可以用更快的速度获得更大的样本量。常用的定量卡片分类的调研工具有：Optimal Workshop 和 Userzoom，如图 2-17 所示。

图 2-17　Optimal Workshop 的卡片分类界面 [1]

---

[1]　图片来自 Optimal Workshop 官网。

卡片分类调研的基本步骤

● 选择待测试的概念。把每一个待测试或者待分类的概念都写在单独的卡片上。对于待测试的概念尽量不要使用相似文案，否则用户会不经思考地将这两个类别放到一起，这样也就失去了调研意义了。

● 卡片分类。如果在分类过程中，有某一个分类过大，不用担心，你仍然可以在所有分类完成后，询问用户这个大类是否还可以进行细分。在分类的第一轮内尽量不要过多干扰用户的独立思考过程。同样，如果分类过小，出现很多个类别，也可以稍后询问用户是否可以合并某些类别。

● 类别命名。这一步需要在卡片分类完成后再进行，毕竟给类别命名不是一件容易的事情。如果每划分出一个类别就要求命名，用户难免在这一步就卡壳，进而耽误之后的测试任务，同时也不利于形成流畅的思维过程。但值得注意的是，类别命名是非常重要的一步，因为通过命名，我们可以了解到用户的心智模型。用户具体给出的类别名称并不是最重要的，因此具体的措辞不重要，重要的是了解他们为什么会给出这个类别名称，背后的原因才是我们关注的重点。

● 分析数据。当你完成了所有的用户测试后，就可以开始分析哪些是高频类别，哪些卡片被经常划分到同一个类别。如果你发现有些卡片总被划分到"其他"这个类别，那么这时候你就要考虑是不是卡片上的文案不够清晰明了，导致用户不能理解了。

小结

卡片分类是进行信息架构设计时最常用的调研方法，使用卡片分类可以帮助我们了解用户对于信息内容的认知，从而以符合用户心智模型的方式来组织信息内容，而非按照业务分类方式来组织信息内容。

2.2.7   问卷调研

用户行为 / 用户态度   定性研究 / 定量研究   探索型研究 / 生成型研究 / 评估型研究

什么是问卷调研

问卷调研（Survey）是一种信息搜集方式，它通过一系列具有缜密逻辑的问题来评估被访者在某一个或几个调研关注话题下的偏好、态度、性格特征和观点立场。问卷调研作为用户体验研究的方法之一，具有以下几个作用。

- 为一个已上线或正在进行 AB 测试的产品搜集用户反馈。

- 探索用户访问网站的真实意图，并评估网站的用户体验。例如，通过网站上的拦截式问卷来了解用户访问网站的真实目的。

- 量化定性调研的研究结论。例如通过定性调研，我们发现一些用户认为网站房源缺少星级评分导致了购物决策的不确定性，那么通过定量问卷我们能评估多少用户有这样的顾虑。

问卷调研的种类

按照问卷的投放方式，可以将问卷调研分为以下 3 大类。

- 网站拦截式问卷调研（Intercept Survey）。如进行真实意图调研时，通过在网站上设置调研问卷，了解访问网站的用户群体是什么样的？他们希望完成哪些任务？他们对网站的使用感受如何？

- 邮件问卷调研（EMK Survey）。邮件问卷调查是通过邮件的形式进行调研的。一般是想了解用户对于网站整体体验，以及对于网站延伸的相关服务的体验。

例如，当一家 OTA（Online Travel Agency，旅游电子商务）企业想了解用户对于酒店服务的感受时，就需要在他们完成了此次住店后，通过邮件的形式来了解他们的整体入住体验了。

● 固定样本问卷调研（Panel Survey）。当想要了解固定人群的观点态度时，可以通过邮件向同一用户群体发送邮件来获得用户数据。对于满意度调研，我们通常采用固定样本调研，因为这样我们能更好地监测满意度的变化情况。当然，现实情况是我们很难邀请同一用户进行作答，因此通常会就使用同一用户招募标准进行问卷投放。例如，保持用户性别、年龄、教育程度、收入水平、产品使用经历的配比，使用这个配比对用户的满意度进行持续追踪，这样一来我们也可以通过网站拦截的方式来筛选符合甄别条件的用户进行问卷作答了。

此外，使用第三方的固定样本能够帮助我们了解竞品用户画像、产品使用场景以及需求。毕竟这些用户是在我们自身网站上找不到的群体。通过第三方的固定样本调研，我们可以就我们网站还没有的，但竞品已有的功能进行探索性调研；也可以就我们和竞品都有的功能，进行不同样本群体之间的画像和需求对比，以定位我们的竞争优势、劣势以及未来的产品机会点。

什么时候需要进行问卷调研

由于问卷调研既是一种探索型的研究方法，也是一种评估型的研究方法，因此它几乎可以用在产品研发的各个阶段以帮助定义产品和优化用户体验。

● 在网站优化改版项目开始前，了解现有用户和潜在用户群体都是哪些，他们分别都有哪些使用需求。

● 在网站优化改版项目结束后，通过问卷调研来评估改版是否达到了优化目的。

● 通过评估用户对产品功能或内容的满意度，为下一轮改版搜集用户反馈意见。

小结

问卷调研是一种非常有效的调研手段，但往往被人误解为是获取用户反馈最为简单的方式。事实上，问卷调研有太多的学问和讲究。在开展问卷调研前，首先要确保调研目标清晰，然后根据调研目标撰写调研问题，最后再开始着手问卷的问题设计，这样才能事半功倍。在进行问卷设计时，请时刻谨记：保持问题的简洁，保持逻辑的清晰，保持语言的中立，保持一颗对目标受众的同理心。在本书的第 4 章 研究执行的 4.3 节中有对问卷调研的执行步骤的更为详细的说明。

2.2.8 情境调研

用户行为 / 用户态度　定性研究 / 定量研究　探索型研究 / 生成型研究 / 评估型研究

什么是情境调研

情境调研（Contextual Inquiry）又称为实地视察，或者野外调查，与在实验室进行的可用性测试或者用户访谈不同，情境调研是在用户使用产品的特定情境下进行的。例如你研究的产品是购物网站，那么情境调研的地点则可能是用户进行网购时所处的家里或者办公室，甚至是通勤的路上。

情境调研的分类

情境调研与其他调研方法不同的另外一点是用户体验研究员与用户的互动方式。情境调研的方式方法有很多。

- 一些研究是纯观察型的，在这种情况下用户体验研究员需要让自己隐身于情境下，最大程度地还原真实的操作环节，从而记录下最客观的观察数据。

- 一些研究则需要在观察到用户的使用方式后进行事后访谈，以帮助我们更好地了解行为背后的思考逻辑。

● 还有一些情境调研则更接近可用性测试，只是测试环境是在用户真实的使用情境下，甚至是在用户具有真实需求下。例如我们想了解用户在购物支付环节下遇到的可用性问题，这时候我们可以招募具有真实购物需求的用户，到他或她的生活、工作场景下观察真实的下单流程。

什么时候进行情境调研

下列情况都是进行情境调研的最佳时机。

● 在设计或者改版前，需要对产品用户有一个全局式的了解时。

● 在设计过程中，认为自己对现有用户或潜在用户的产品使用习惯、情境仍然不够了解时。这里的情境既包括地域情境也包括使用情境。

　　○ 地域情境。不同地域的文化、基础设施、自然环境都可能对用户需求、产品使用方式造成影响。情境调研可以帮助产品团队了解这些需求之间的差异。

　　○ 使用情境。用户是在办公室、家里，还是通勤路上使用产品，也会造成使用方式、使用需求的差异。了解这些情境对于产品设计同样至关重要。

● 当你想知道你的产品是如何在团队协作的环境下使用时，这时候最好到他们使用产品的情境下，观察团队使用该产品时的流程。

小结

当产品设计过程中碰到一些你不能理解的问题或者用户行为时，或许情境调研可以帮助你从更大的全局视角去寻找新的创新切入点。通过情境调研，我们旨在暂时放下自己固有的假设，让来自真实情境下的用户行为来告诉我们现有的产品是如何影响用户的生活的。

2.2.9　日记调研

用户行为 / 用户态度　定性研究 / 定量研究　探索型研究 / 生成型研究 / 评估型研究

什么是日记调研

日记调研（Diary Study）是搜集用户在一段时间内行为、活动、态度和体验的调研方法。参加日记调研的用户将被要求在几天甚至是几个月的时间内，通过日记的形式记录下与调研话题相关的所有活动、思考和感受。

什么时候进行日记调研

如果你的调研目标是了解用户在一段时间内对产品的使用体验，那么你很难在实验室内创造这样的情境并获得你希望得到的用户洞察。

例如，我们想了解用户是如何规划旅行的，那么我想除非是一次说走就走的旅行，否则绝大部分的场景是用户将花费一周甚至几周的时间进行规划，然后购买机票，预订酒店等等。如果想要调研这一过程中用户的行为和体验，那么日记调研就是合适的方法了。

以下调研需求比较适合采用日记调研的方法[1]。

- 使用习惯。用户什么时候使用产品？早上，中午还是晚上？为什么会在这个时间段使用产品？是什么样的契机让用户想到使用你的产品？

- 使用场景。用户使用产品时一般都是完成哪些任务？他们的使用流程是什么样的？使用过程中是否还有其他人的参与？如果有，这些人扮演的角色是什么？

---

① Flaherty, K. Diary Studies: Understanding Long-Term User Behaviour and Experiences. NN/g Nielsen Norman Group. 2016.

- 态度和动机。用户使用某一功能时的动机是什么？是为了达成什么样的用户目标，还是满足什么样的用户需求？他们使用这个功能时有何想法，又有何感受？

- 行为和态度的改变。想要通过观察用户在记录中的行为和态度的改变来了解产品的可学习性、用户忠诚度的变化等。

日记调研的基本步骤

- 计划及筹备。确定这次调研的关注点，在这里具体指的是要在调研全过程中关注和研究的用户行为。此外，确定好调研的时间长度（1 周、2 周还是 1 个月等）。调研的时间长度建议符合固定周期，例如以周为单位，或者以月为单位。

- 选择调研工具。比较传统的日记调研工具是 Excel，通过邮件的形式将日记调研模板 Excel 文档发送给用户，然后用户在 Excel 里更新每天的日记记录内容。比较新的工具有 Dscout 和 Usertesting 网站。研究员可以直接使用这些工具上的用户群体，并让用户使用专门的日记调研 App 来记录你要求的内容，如图 2-18 所示。

图 2-18　Dscout 日记调研 App 界面 [1]

---

[1] 图片来自 Dscout 官网。

- 用户招募与预访。与用户访谈和可用性测试不同的是，在招募完日记调研的
  用户后，用户体验研究员需要和每个用户进行一次电话预访。由于日记调研
  是一段较长时间的"感情投入"，因此我们需要让用户清楚知道此次调研需要
  付出的时间成本，并在与用户反复确认后再把用户正式邀请到调研项目中来。
  也因为用户投入的时间成本高，所以日记调研的酬金往往比其他调研要更高
  一些。

- 创建记录规则。告知用户何时需要记录，以及以什么样的形式进行记录。通常
  记录可以分为以下两种形式。

  ○ 场景内记录。这是最简单直接的方法，也就是当用户处在该项活动中时进
    行记录。例如，研究的目标就是了解用户网络购物决策过程，那么场景内
    记录则是当用户正在网上购物时，要求他们把自己的行为、感受记录下来。
    为了保证用户记录下的内容都是对调研有意义的，你可以制订一个问题模
    板，用户只需要根据模板中涉及的问题进行作答即可。但切忌模板问题过
    于封闭，否则日记调研就达不到探索目的。

    关于场景内记录，你还需要确保记录行为不会对产品使用产生过多的干扰，
    否则应采用场景外记录。例如，同样是研究购物决策，如果研究的对象是
    线下购物，那么场景内记录或许会给线下购物带来许多的不便，这就涉及
    我们接下来要讲到的片段记录。

  ○ 片段记录。片段记录是一种对用户行为干扰度更低的记录方式。采用这种
    方式时，用户只需要把与调研有关的行为在场景当时拍摄下来即可。但注
    意，该方式需要他们在事后提供补充信息。补充信息包括当时为什么会这
    么做，有何感受等。具体内容你也可以发送相关模板，用户只需在事后根
    据模板提问进行回答即可。片段记录是移动互联网逐渐成熟的产物，因为
    所有的记录都需要通过手机拍摄，然后通过邮箱或者其他即时通信软件发
    送给用户体验研究员。

● **后期追访**。在日记记录结束后，用户体验研究员还可以根据需要，对用户进行后期追访，以针对记录细节进行进一步的挖掘。此外，研究员还可以借此机会了解整个调研设计中值得改进的部分。

● **数据分析**。日记调研可以带来丰富的数据，但也为后期分析增加了难度。在大量的数据里，最值得关注的是以下几个方面。

  ○ 用户的体验旅程是什么样的？应该如何划分旅程的阶段？

  ○ 每个阶段下的具体场景是什么？各个场景下的用户需求、目标、行为是什么？

  ○ 每个阶段下都有哪些痛点和惊喜点？

  ○ 根据这些痛点和惊喜点，我们的产品有哪些机会点？

虽然日记调研与其他研究方法相比更加耗时费力，但它却是展示用户在真实场景下的真实行为和观点态度的有效手段。

本章小结

在这一章中，我们首先概述了用户调研的分类。

● **定量研究和定性研究**：是什么和为什么。

● **用户行为和用户态度**：用户是怎么做的和用户是怎么说的。

● **探索型研究、生成型研究和评估型研究**：产品处于什么阶段。

接下来，我们了解了 9 种非常常见的用户体验研究方法，并举例说明了这些方法分别在以上 3 种维度下应该被划分到哪一类别下，以及他们各自分别适用于完成什么样的调研需求。需要注意的是，有时候面对同一调研需求，我们需要结合多种方法，吸取各个方法的优缺点，最后得到最接近事实的结论和用户洞察。用户研究方法分类如图 2-19 所示。

调研方法	研究内容	研究手段	产品阶段
用户访谈	用户行为 / 用户态度	定性研究 / 定量研究	探索型研究 / 生成型研究 / 评估型研究
焦点小组	用户行为 / 用户态度	定性研究 / 定量研究	探索型研究 / 生成型研究 / 评估型研究
可用性测试	用户行为 / 用户态度	定性研究 / 定量研究	探索型研究 / 生成型研究 / 评估型研究
启发式评估 / 认知走查	用户行为 / 用户态度	定性研究 / 定量研究	探索型研究 / 生成型研究 / 评估型研究
参与式设计	用户行为 / 用户态度	定性研究 / 定量研究	探索型研究 / 生成型研究 / 评估型研究
卡片分类 / Tree Testing	用户行为 / 用户态度	定性研究 / 定量研究	探索型研究 / 生成型研究 / 评估型研究
问卷调研	用户行为 / 用户态度	定性研究 / 定量研究	探索型研究 / 生成型研究 / 评估型研究
情境调研	用户行为 / 用户态度	定性研究 / 定量研究	探索型研究 / 生成型研究 / 评估型研究
日记调研	用户行为 / 用户态度	定性研究 / 定量研究	探索型研究 / 生成型研究 / 评估型研究

图 2-19 用户研究方法分类

第 **3** 章

研究计划

坏计划好过不计划，但坏研究不如不研究。

如果说我入行以来处理研究问题的方式和方法和现在有什么不同的话，我想最大的区别就是现在我在接手一个研究项目后，会花更多时间去思考研究计划，而不像曾经一样，把研究计划当作一个"官僚式"的项目启动必经环节。现在花更多时间去思考研究计划，是为了反复确认我们是否找到了正确的研究问题，了解这个研究问题是否能帮助产品完成既定的商业目标或产品设计任务。要知道，一个含混不清的研究计划绝对是成就一次坏研究的独家配方。

3.1　明确研究问题

在我短短不到十年的职业生涯里，经历过兴奋、期待、满足，也经历过伤心、失望，甚至是对这个职业、对我自己的怀疑。而这份怀疑或者说对研究价值的不确定大部分来自以下这些反馈。

● "研究没用"

● "研究出来的都是已知的结论"

● "根据研究结论做出来的产品依旧失败了"

● "没有按照研究结论做，但依旧成功了"

● "乔布斯做过用户体验研究吗？"

且不说"你"是否就是乔布斯，也不讨论乔布斯有没有做过用户体验研究，还是只是我们并没有看见他是以什么样的方式完成他的研究的。关于"根据研究结论做出来的产品依旧失败了""没有按照研究结论做，但依旧成功了"，我想除了研究本身的质量以外，还取决于这个世界有太多的不确定性。例如，同样的创业想法前年做没有成功，今年做成功了；A团队和B团队同时做，A团队成功了，B团队没有成功体验等。用户体验研究应该在一定程度上对这些成败负责，这是一个很大的话题。

然而以上辩解并不代表我完全不接受大家对于用户体验研究价值的质疑，我自己也还是会经常从一个用户体验研究员对研究价值负责的角度，不断反省我们在得到负面评价时，原因到底出在哪里，如图 3-1 所示。

图 3-1 对失败的用户体验研究项目的反思

- 只是简单地让团队"听见"用户的声音

  当你的用户访谈只是为了了解用户到底喜欢 A 方案还是喜欢 B 方案的时候，研究结论到底能多有用，或者能有用多久呢？

  当你的问卷分析只是进行简单的频率统计从而展现现有的现象，你又如何能怪产品团队给你"研究出来的都是已知的结论"这样的评价呢？

- 研究是方法论导向的

  很多时候我发现用户体验研究员都会有这样一个小小的私心，那就是某段时间，当他或她想要重点锻炼自己某个调研技能的时候，他或她在这段时间做的研究大部分都在运用这个方向的研究方法。

  可是，如果研究计划不是以解决研究问题为导向，而是依据个人职业发展需要，有目的性地培养自己在研究方法上的个人发展，那么最终研究项目只是成就了用户体验研究员"漂亮"的研究履历而已。

- 研究只是产品团队获取领导层支持的工具

  还有一些时候，产品已经有了自己的想法，为了让领导层能够认可自己的想法，产品需要"用户的声音"来作为辅助的数据支持。这时候研究结论如果和产品结论一致，那么研究就会被呈现到产品汇报文档中。如果最终产品成功了，研究就是"有用的"；产品没成功，研究就是"无用"甚至是"误导"的。

为了避免因为以上这些"可控可防"的因素造成研究项目失败，接下来的这一小节里我将列举以下 3 步来帮助用户体验研究员或者用户体验研究团队及时校准研究计划。因为明确研究问题除了可以决定研究方法外，还影响着后续的执行、分析、沟通等各个环节，所以这可以说明确研究问题奠定了一个研究项目的成败。

- 明确利益相关者想要了解的问题

- 深度解剖调研需求

- 提早确定研究关注点

如果你也认可明确研究问题是研究计划的重要环节，那么接下来可以参考以下方法来帮助你更好地理解研究问题，确定研究目标，从而更加精准地切中待研究问题的要害。

3.1.1 明确利益相关者想要了解的问题

在刚入行的一段时间里，因为自己研究经历的不足，一个调研经常要花费很长时间才能完成。在这种情况下，为了抢时间赶进度，我曾在接到需求后的第一时间就召开项目启动会，甚至只是从项目启动会中去了解调研背景。但事实证明，这样是没有好结果的。为了能够在一对一的需求沟通中更好地了解团队的调研需求，我一般会要求他们在提交调研需求时，先填写一份申请表，如图 3-2 所示，帮助我更好地了解需求的背景，甚至我会花一些时间提前做一些功课，理顺自己后续的沟通思路。

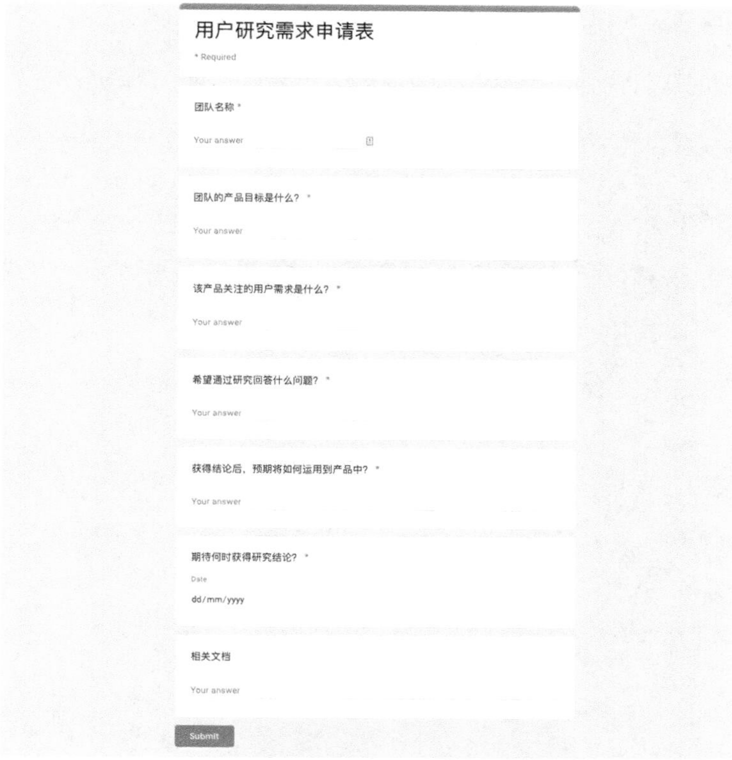

用户研究需求申请表

* Required

团队名称 *

Your answer

团队的产品目标是什么？ *

Your answer

该产品关注的用户需求是什么？ *

Your answer

希望通过研究回答什么问题？ *

Your answer

获得结论后，预期将如何运用到产品中？ *

Your answer

期待何时获得研究结论？ *

Date

dd/mm/yyyy

相关文档

Your answer

Submit

图 3-2 研究需求申请表

除了了解直接利益相关者的项目需求外，了解其他利益相关者的需求也是这一步需要考虑的问题。这样不仅能够扩大你的研究的影响力，而且从不同利益相关者那里获得的信息也能帮助你进一步深入思考他们向你提出的研究问题。只有双方不断地对研究的问题进行打磨和校准，研究出来的结果才能真正解决产品所遇到的问题。

起草一份包含利益相关者的名单，规划好与他们一对一访谈的时间表，并准备好提问的提纲，这样能够更有效地帮助你完成与利益相关者的访谈。你的利益相关者可能不仅涉及产品开发团队中的产品经理、设计师，还可能延伸到相关的市场推广、客户服务、数据分析师等角色。

以下是我在利益相关者访谈中一定会了解的相关问题。

- **项目背景**：为什么现在这个话题会被（再次）提上议程？

- **商业目标**：该项目要实现的商业目标是什么？衡量的指标是什么？

- **已有研究**：关于这个话题你们都做过哪些研究？

- **项目影响力**：调研结果会对产品产生什么影响？

- **利益相关者与项目的关系**：你们个人对这个项目的需求、愿望以及顾虑是什么？

不要认为你问过多的问题会让人觉得烦，至少从人性的角度出发，每个人都需要有"被需要"的感觉。基于这一点，多和向你提出研究需求的利益相关者沟通，最大程度地获得你需要的信息，以确保你在后续项目的进行过程中，可以尽可能多地帮他们挖掘到他们需要的信息。此外，如果项目成功，你应把成功的荣誉归功于集体的协作，而非自己一人。做到了这些，我想你一定能在研究项目中培养你和你的团队、项目利益相关者之间的信任关系与合作默契。

3.1.2　深度解剖调研需求

在明确了调研所要研究的话题以及它的项目商业背景、对产品未来发展的影响力等商业和产品战略方面的信息后，我们还需要进一步地解剖我们需要研究的话题。举一个例子，当我们要研究的话题是用户对于不同住宿类型的分类理解时，我们不能鲁莽地决定运用卡片分类的方法，再组织几场用户访谈，让用户简单地把不同住宿类型划分到他们认为合理的类型下，而是应该首先了解以下问题。

- 用户对于不同住宿类型的理解是什么：用户对于住宿类型的心智模型。

- 为什么会产生这样的理解：心智模型是基于房源的哪些关键特征。

- 用户根据房源的关键特征如何进行分类：进一步挖掘用户对住宿类型的分类规律。

3.1.3   提早确定研究关注点

不管你要从事的用户体验研究是什么具体方向，你都是在对人的某一种或者几种行为和态度进行研究。因此确定你将用什么方法去测量它能够帮助你更加清晰地界定问题本质，从而有效梳理出研究关注点。在确定研究关注点时，你可以尝试问自己以下这些问题。

- 通过这次研究，我到底需要测量的是什么？

  是用户的行为方式，还是用户的观点和态度？是要了解这种行为方式的频率，还是某种态度的强烈程度，或者发生某种行为产生某种态度背后的原因是什么？因为这决定了你后续要采用的具体研究方法是什么。

- 哪些指标可以作为它的测量维度？

  如果是用户的某种行为，那么是行为的频度、广度还是深度？如果是态度，那么是态度的多样性，还是态度对行为决策的影响程度？确定这些关注点指标将非常有助于后续撰写调研提纲。

- 最终我需要呈现哪些数据来说服我的利益相关者？

  这是非常关键的一环，因为确认最终要呈现的数据不仅可以帮助你校正研究方法以及调研提纲，甚至还能帮助你在调研一开始就明确调研报告的呈现结构和内在逻辑。

3.2   桌面研究

工作中每当我用到二手研究（Secondary Research）这个词的时候，我的同事，不管是产品、设计、开发，还是用户体验研究员、分析师，他们都会带着疑惑的表情问我：这是什么东西？你在说什么？这一方面说明了二手研究在奉行快速迭代思维的互联网行业鲜被提及和使用，另一方面也让我顺利被大家归为"书呆子"的行列。如果你想避免这样的事发生在你的身上，建议你使用桌面研究（Desk Research）这个说法。

如果要对"研究"这个广泛的概念进行分类的话，我们可以将它分为两大类。

- 一手研究：通过直接研究形成研究结论。

- 二手研究或桌面研究：通过收集整理已有的研究结论，拓宽对于研究话题的了解。

对我来说，从事桌面研究属于用户体验研究员应该做的"尽职调查"，否则会很容易投入时间去研究一些前人已有结论的研究，而白白浪费时间；或者因为缺乏对该研究话题的基本认知而显得很无知。那么该如何展开桌面研究呢？我们可以将研究划分为人、场、目标 3 个维度。

- 人，也就是我们的用户群体。如果你的研究话题是针对某一用户群体的，是否存在针对这个用户群体的其他研究？

- 场，即场景。是否存在针对这个场景下相关用户行为习惯、需求、痛点、机会点的研究？

- 目标，即你的产品所要帮助用户完成的目标任务。是否还有其他产品或功能也是针对这个用户目标的？他们是怎么做的？与他们相关的研究还有哪些？

关于如何发现这些已有调研的渠道，总体上可以分为内部渠道和外部渠道两大方面。

- 内部渠道

  ○ 和你的利益相关者沟通，了解他们之前在这个话题上都有哪些既有的研究结论。

  ○ 与客户或者其他与客户接触的一线员工沟通，更多地了解用户。

  ○ 向数据分析师、网页分析师了解关于产品的一些既有数据分析结论。

● 外部渠道

○ 政府研究机构发布的白皮书。

○ 大学和其他学术机构发布的论文。

○ 你研究的话题所处的行业组织发布的行业报告。

最后，请不要嫌弃那些看上去已经有些"过时"了的研究报告，特别是心理学、社会学、人类学领域的报告。人类社会的底层架构依旧遵循一些相对稳定的定律，而这些研究报告的有效保质期或许比"冰箱里的牛奶"会更长一些。

3.3　项目启动会

通常项目启动会是一个把项目的所有利益相关者邀请到一起，阐明调研目标、研究方法和研究产出相关时间表的会议。但在我从事用户体验研究的前几年，我发现项目启动会其实都是我一个人在发言，非常缺乏与项目利益相关者的沟通。因此，我曾一度默默取消这个环节，转而发送一封邮件，向大家"宣贯"这次调研的相关事项，起到让各位知晓的作用。然而逐渐地，我发现这种邮件很少有人回复，即便回复，也是"知晓！""好的！""非常感谢！"之类的内容，以至于我一度怀疑我辛苦发的邮件到底有人看了没有。

既然组会也不行，发邮件也不好，那这个所谓的项目启动会到底应该何去何从呢？之所以还把它作为一个独立的节放在这一章里，是为了和大家分享我这几年来对于项目启动会的一些新的思考。

3.3.1　了解知识缺口，再度明确研究问题

之所以把这个环节放到桌面研究之后，是因为经过桌面研究后，可能你会发现公

司内部已经有了相关研究。或者一些相关的竞品研究已经能够满足研究需求提出方对用户洞察的需求。如果是这样，那么这个项目启动会则可以是第一阶段的研究产出分享会。

如果通过桌面研究，我们发现重新立项是有意义的，那么我们则可以在这个项目启动会上分享一些通过桌面研究获得的相关数据。而更为关键的一步是邀请参与项目启动会的利益相关者们一起讨论如果要进行下一步的研究，还有哪些相关知识是他们特别想了解的，即我们所说的"知识缺口"。

在了解了这个内容之后，综合我们先前已明确的研究目标、通过桌面研究总结的已知知识，以及已明确的"知识缺口"，就基本可以确定这次调研的目标和研究问题了。

3.3.2   分配调研任务，培养利益相关者的研究主人翁意识

在明确了研究目标后，接下来就是与项目执行层面相关的内容了。虽然调研方法并没有最后确定，但在这个阶段我通常会对调研方法有一个大致的预估。如果调研方法是用户访谈、可用性测试、焦点小组或情境调研等这类参与度高的定性调研，则我会在项目启动会上主动了解利益相关者中大概都有哪些角色有意愿参与到调研中来。此外，我会告知利益相关者，如果参与到调研中来，他们需要做哪些事情，如写观察笔记、主持用户访谈等。如果项目小组中有利益相关者是第一次参与到这类调研，我也会考虑在调研执行前组织用户体验研究相关培训。之所以要在这个阶段就鼓励利益相关者参与调研，并不是我想要有人帮我写观察笔记，也不是因为我自己想偷懒或不亲自主持用户访谈，而是为了培养利益相关者们对这次研究项目的主人翁意识，让他们觉得最后通过调研产出的结论就像自己的孩子一样。

3.3.3   利益相关者的预期管理

利益相关者的预期管理最关键的两点分别是时间预期和产出形式预期。

- 时间预期。即调研的项目排期。排期一方面根据的是利益相关者对研究结论的需求时间，而另一方面根据的是研究目标，如已有哪些数据、未知哪些数据、这次研究需要产出哪些数据、可能需要采用哪种调研方法等。无论如何，关于何时可以产出研究结论都应该在项目启动会上与利益相关者进行详细的沟通和确认。

- 产出形式预期。即这次调研的产出形式是调研报告，还是一次分享会，或是一次设计工作坊等。虽然我个人是参与式研究的倡导者，主张把调研结论通过协作和讨论的方式转换为可落地的产品机会点，但关于产出的具体形式，最终还是取决于你在项目启动会上和利益相关者的沟通和最终确认。

3.4　确定研究方法

研究方法需要根据调研目标以及产品所处的研发阶段来确定。图 3-3 所示为我们在不同产品阶段针对不同研究目标时可以考虑的研究方法。

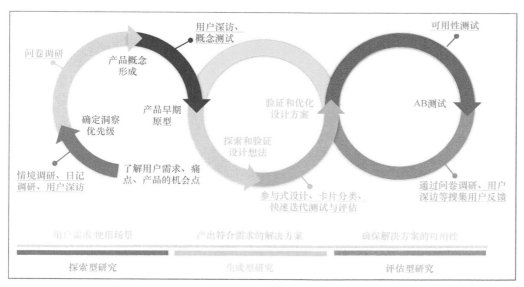

图 3-3　产品开发阶段与对应的研究内容和研究方法

探索型研究的目标是探索产品、服务的机会点和创新点。这些机会点既可以是在已有产品上增加新功能点，也可以是创造还不存在的全新产品。探索型研究需要去了解目标受众的生活方式、生活环境、行为、态度和观点，从而对他们的需求和目标有更深入的了解。情境调查、日记调研是探索型研究的典型调研方法。在确定了用户的使用需求后，还可以通过问卷调研来确定这些需求的重要程度，进而确定设计优先级。而当产品具有了初期概念后，可以通过概念测试来了解用户对产品概念的态度。

生成型研究的目的是确保我们提供的设计方案可以解决用户的需求并符合他们的使用场景。常见的调研方式是参与式设计、卡片分类和快速迭代测试与评估。生成型研究还有一个目的是在产品的早期原型中及时获得用户反馈。

评估型研究的目的是测试已有产品、服务是否让用户可用、易用。这类型的研究需要贯穿整个产品研发周期，从产品仅有初期概念或纸质原型的阶段就可以进行评估测试了。常见的评估型研究是可用性测试。

确定了研究阶段类型后，关于是使用定性研究还是定量研究，是针对用户行为还是用户态度的测量，则可以参考第 2 章　用户体验研究的基础方法与技能的 2.1 节中所叙述的内容。

- 定性研究的目的是了解为什么，通过直接观察和交流的方式去了解用户行为和用户态度背后深层次的原因。

- 定量研究的目的是了解程度如何、规模多大，多通过问卷或者分析工具以间接的方式去采集用户行为和用户态度的相关数据。

- 针对用户态度的研究通常是用来理解或者测量用户的主观感受，因此我们说"用户态度"研究的是"用户说了什么"。

- AB 测试是了解用户行为的常用方法。此外，可用性测试可以帮助我们了解用户操作产品的路径。观察用户的操作行为可以对产品的易用性、一致性、可学习性等相关指标进行评估，从而为产品优化提供参考。

3.5　确定目标用户

确定一次研究所针对的目标用户经常是用户体验研究员这个职位的面试题，可想而知，这确实是用户体验研究过程中的难点环节。

3.5.1　关注用户行为特征，确保人口学特征的多样性

如果你认为确定目标用户让你感觉无从下手的主要原因是，你所研究的是针对大众用户的产品，或者说这是一个"为每一个人而设计的产品"，那么我想导致你这么为难的原因或许是你仅仅只考虑了从单一的人口学特征的角度去确定目标用户。但事实上，我们在确定目标用户时，除了应该保证人口学特征的多样性外，还应该关注用户的行为特征。

的确，人口学特征是市场研究中划分用户群体的重要依据，根据用户的性别、年龄、收入、教育程度的差异等，市场推广策略、媒体投放渠道会有所不同。但在互联网产品设计中，当一个用户来到你的网站时，我们可能没有办法直接获得这些信息，但我们可以很好地捕捉到的是他们在网站上的行为，例如，这个用户是否直接进行了账号登录、浏览了哪些产品类别、在网站上花费了多少时间进行购物搜索等。基于这些行为，我们能更好地预测他们对于网站的使用需求。

因此在确定研究的目标用户时，可以根据我们要研究的行为来锁定目标群体。以下是常见的一些目标用户划分维度。

- ○　产品使用经历：资深用户、新用户、竞品用户、潜在用户等。

- ○　产品使用频率：高频用户、中频用户、低频用户、流失用户等。

○　使用场景：家庭用户、单身用户、网页用户、客户端用户等。

3.5.2　精心设置招募问卷

如果这次调研是一次定性研究，那么招募用户就是研究步骤中的关键一步了。而决定招募成败的重要环节则是招募问卷撰写的好坏。当你在设置用户招募问卷时，一定要确保问卷问题是精确具体的。例如你想了解用户的产品使用经验时，以下是错误的询问方式。

● 　请问你如何评价自己对 ×× 网站的使用经验?

每个人对于自身经验的判断都是不一样的。例如我觉得自己使用过 1 次这个网站就已经是老手用户了，但或许你觉得使用过 10 次才能勉强算是老用户。因此正确的问法是：请问在过去 6 个月内，您曾经在 ×× 网站上购物过多少次?

作为用户体验研究员，你掌握的用户信息越精确，就能越确定符合研究需求的目标用户。

3.5.3　确保招募的用户符合调研形式

如果进行可用性测试，则招募的用户应善于表达自己的想法，能够在测试过程中出声思考。为了确保这一点，你可以在招募问卷中设置开放式问题，来了解用户的表达能力。如果招募的用户是进行焦点小组的，那么你或许不想要太过于内向的用户，也不想要太过于强势的用户。因此，除了招募问卷外，你还需要通过进一步的电话沟通来确认用户是否适合参与此次调研。

3.5.4　提升用户的到访率

等不到的用户和等不到的恋人一样让人伤心失望，但除了伤心失望外，等不到的用户还可能让你倍感尴尬甚至焦虑。试想产品团队的负责人、你的总监等都在观察室等待这一场用户访谈，但你却要告诉他们接下来的一个小时内用户不会出现，大家请原地静坐，等待下一位用户一小时后到来……甚至出现下一位用户也可能不会到的情况。大概这算得上是用户体验研究员在职场中的噩梦之一了吧。

为了避免这样的尴尬和焦虑的出现，请准备备访用户。如果你的访谈将会持续一整天，那么你可以准备一位用户作为整个上午调研日程的备访用户，另外一位用户作为整个下午调研日程的备访用户。此外，在访谈开始前半小时跟这位用户进行确认是否能够到访及到访时间，以有效避免出现缺席或者迟到的现象；即便迟到，我们也能够尽快调整接下来的时间表。因为一位用户的迟到往往就会造成下一场访谈的延误，所以通常情况下两场访谈间隔 15 ～ 30 分钟更好。

3.6 确定研究样本量

也许你曾跟我一样也听说过：Jakob Nielsen 有著名的"测试 5 个用户你便可以发现85% 的系统可用性问题"[1]的结论，但 Jared Spool 也发表过"8 个用户对于可用性测试是不够的"的研究报告[2]。从事多元变量研究的市场研究员更得出过"1000 样本量根本不具说服力"这样的结论。

面对关于样本量的众说纷纭，我们到底应该相信谁？在回答这个问题之前，或许下面这个例子会让我们对如何选择样本量有一个更好的理解。

我身边的同事们总是觉得我的皮肤很好，因此很多人问我平时用什么护肤品，但我通常都会问："你是什么肤质呢？你想皮肤得到哪方面的提升呢？"如果他或她的回答是："我是油性皮肤，我只要不长痘痘就可以了。"那我给的回答肯定跟给那些对我说："我是混油皮肤，我想要美白"的人的回答是不一样的。但其实除了使用什么护肤品，皮肤的好坏还和自身的新陈代谢、激素水平、情绪状态、生活环境、饮食习惯等各个方面有关，简单地推荐几个产品又怎么能确保一定能让皮肤状况有改善呢？

---

[1]　Nielsen, J. Why You Only Need to Test with 5 Users. Nielsen Norman Group. 2000.

[2]　Spool, J.M. A Fundamental Mind Shift for Usability Testing. 2019.

和选择护肤品一样，选择研究的样本量是一门很大的学问，但究其根本，应该先从明确研究目的、确定研究方法谈起。此外，即便确定了研究目的和研究方法，关于样本量的选择也有非常多的细节差异。在这本书里，我从帮助初级用户体验研究员入门的角度出发，以最快速和浅显的方式总结了常见研究的样本选择方式。如果想要对样本量进行更深入的钻研，还请自行查阅更多的资料，在这条道路上孜孜不倦地继续求索。

3.6.1　了解用户对产品或服务的使用需求和场景

在了解用户对产品或服务的使用需求和场景时，最常采用的调研方法则是深入访谈。由于深入访谈是偏探索性的调研，因此没有固定的样本量规定，其样本量选择宗旨是：当你采集了足够的数据样本且能够发现其中的行为模式时，则可以视为已有足够的样本量。

例如，我在研究网购用户的行为模式时，发现调研了 6 个人后，已经可以把用户的行为模式划分为冲动消费型、需求唤醒型、模糊挑选型 3 种模式，这时候则可以停止访谈，而暂时确定这 3 种行为模式是你在探索型调研阶段的前期发现。后续你要做的则是通过定量研究的方法（问卷或线上数据分析）来进一步验证你的发现。

那么你大概会问，即便说用户深入访谈采用的是"摸着石头过河"的选择样本量的方法，但我们也需要知道先摸哪块石头吧？如果你一定要我在这里给你一个建议，我会说先招募 6 ～ 8 个用户，进行前期的探索性访谈，看看你是否能够从这 6 ～ 8 个用户中找到一些规律。当然前提是你在访谈目标用户的选择上是以人口学和用户行为特征的多样性为基础的。

3.6.2　发现产品的可用性问题

当你在选择可用性测试的样本的时候，Jakob Nielsen 或许告诉过你"测试 5 个用户你便可以发现 85% 的系统可用性问题"，但他却没有说这些可用性问题可能出现的概率是多少。

就像石滩上的石子一样，一些大石子或许因为目标足够大，我们一眼就能发现；但一些小石子或许因为过于细小，我们比较难发现。可用性测试一样取决于测试需要发现的可用性问题的细节程度。只有确定了需要发现的可用性问题的细节程度，我们才能更好地选择样本量。

图 3-4 所示的内容为可用性测试的样本需求列表。如果你希望发现出现概率是 40% 及以上的问题，事实上 4 个样本就可以帮你发现这些可用性问题。但如果你希望发现出现概率小到 5% 的可用性问题，那么 37 个样本才是可信的样本量。当你的设计还处于非常初级的概念阶段时，我建议你快速在 4 个样本中通过纸质原型或者低保真度原型测试你的产品概念。如果产品已处在优化阶段，则至少选择 9 个测试样本。

问题出现概率	所需样本量（个）
40%	4
30%	5
20%	9
10%	18
5%	37

图 3-4　可用性测试样本需求量[①]

3.6.3　了解用户行为趋势或态度的程度

为了了解用户行为趋势、某一种或几种态度的程度，我们常用的调研方法是问卷调研。然而确定问卷的样本量不是一件容易的事情，样本量需要根据调研用户群体的人口数量、（你能接受的）误差幅度、（你能接受的）可信度计算出来。

● 人口数量。即你的调研所关注的用户群体的人口数量。如果你关注的是中国全国人口对于你产品的态度，那么你关注的人口数量高达 14 亿；如果你关注的是

---

① Sauro, J. How to Find The Sample Size for 8 Common Research Designs. MeasuringU. 2015.

全国网购用户，那么你的调研的人口数量就是全国网购用户量。有时候你想调研的可能是一个小众群体，例如我想调研全国民宿用户的民宿预订动机和需求，那么为了确定民宿用户的数量，我可以通过第三方调研平台对民宿用户的"事件率"进行评估。如果事件率是1%，那么说明这个群体占据全国人口数量的1%，这样我就可以估算出这次调研所关注的用户群体的人口数量。

- （你能接受的）误差幅度。通常情况下我会将其设置为5%。当然根据你所处行业的特性，你或许需要对自己的调研有更加严格的要求。根据我所从事的电商类行业的用户体验研究经验，5%是我个人可以接受的误差幅度。

- （你能接受的）可信度。即你有多大的信心说这个数据是可信的。如果你所从事的研究要被应用在医疗卫生等性命攸关的行业，请一定重新考虑这个数据。但根据我个人目前所从事的行业经验，可信度设置为90%是我个人可以接受的数值。

根据以上信息，你可以很容易地在网上找到一个样本量计算器，输入数值就可以算出你需要的样本量了，如图3-5所示。

图3-5　样本量计算器①

3.7　调研时间规划

每一个调研都是独特的，因此我很难在这里指出具体的时间规划要求，但可以给出一些我在进行调研规划时会考虑的因素。

---

① 图片来自 Qualtrics。

- 为自己预留 1 ～ 2 天与利益相关者进行访谈。

- 预留 2 天进行桌面研究（可以和与利益相关者的访谈同时进行）。

- 明确了研究问题后，给自己预留 1 天时间去谨慎思考调研方法。

- 如果确定的调研方法是用户访谈或可用性测试，则提前 2 ～ 3 周进行用户招募。

- 如果确定的调研方法是问卷调研，而且需要用到第三方的固定用户样本，则预留 1 周的时间与拥有固定用户样本的调研公司进行项目沟通。

- 如果采用的调研方法是用户访谈，则尽量在 1 ～ 2 天内完成访谈执行。

- 如果采用的是问卷调研，则预留至少 1 周的时间进行数据搜集。

- 不管采用哪种调研方法，给自己预留至少 1 周的时间进行数据分析。

以一项既包含用户访谈又包含问卷调研的研究项目为例，我用表格的形式展示了调研时间规划，供大家参考，如图 3-6 所示。大家可以采用更专业的项目管理应用程序进行规划。

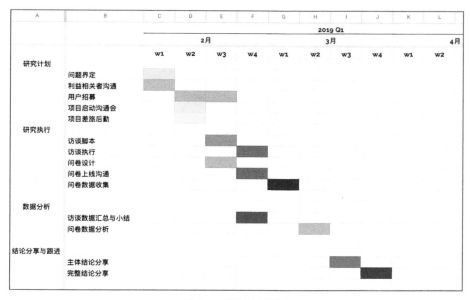

图 3-6 调研时间规划

本章小结

研究计划绝对是决定一次研究成败的关键，它相当于研究的根基，如果根基不稳，则后续的研究再精细，最终所搭建的也只是一个纸牌屋。图 3-7 所示为我的一份研究计划模板，参考之余请千万记住，模板只是皮肉，只有不断打磨研究问题、进行充分的桌面研究、找到符合要求的研究用户，研究规划才具有充实的灵魂。

[研究名称] 调研规划	
文档创建时间	
利益相关者	首要利益相关者： 次级利益相关者：
研究背景	
商业目标	
研究目标	
研究问题	
研究方法	
目标用户	
时间规划	
团队成员	产品经理： 设计师： 文案： 分析师：

图 3-7　调研规划模板

第4章

研究执行

"如果我等到我所有的小鸭子都站成一排的话，我永远都没办法跨过那条马路。有时候你不得不善用手边已有的资源，让一切先运转起来。"

——林恩·托勒

本章我们将具体聊聊 3 种常见的调研方法的执行步骤，以及在执行过程中需要注意的要点。我想如果扎实掌握了这 3 种调研方法的具体执行步骤，对于第 3 章中罗列的其他方法，大家都能够灵活运用了。这 3 种调研方法分别是用户访谈、可用性测试、问卷调研。

4.1　用户访谈

关于用户访谈（如图 4-1 所示），一个常见的新手用户体验研究员会犯的错误就是直接询问用户他们到底需要什么样的产品或服务来满足自己的目标和需求。尽管这看上去像是用户体验研究所要达成的最终目标，但通常用户并不知道、不在意或者不能够明确说出他们到底需要什么。而发现目前产品的问题、提出解决方案，以及验证解决方案的可用性都是产品团队和用户体验研究员的工作。因此我们说用户访谈并不是用来直接询问用户想要什么的，而是用来了解以下内容的。

图 4-1　用户访谈

● 目标与动机：用户希望达到的目标是什么？

● 行为：他们目前是如何使用产品的？在使用产品的过程中遇到了什么问题？

- 态度：他们对目前的方式满意吗？如果满意，为什么？如果不满意，问题在哪里？

以下是进行用户访谈的准备步骤和每一步的注意事项。

4.1.1　设置访谈目标

根据你的调研目标来进行访谈目标的设置。或许为了完成你的调研目标，你设置了多种研究方案，而用户访谈只是其中一个获取数据的环节；又或许这次的调研目标都可以通过用户访谈来达成。但无论如何，在访谈开始前都请确定好通过这次访谈你所需要获得的信息有哪些。一个清晰的访谈目标能让后续的访谈脚本撰写变得轻松容易很多。

错误示范：通过访谈了解用户在预订短租民宿时的行为态度。（太过模糊。）

错误示范：通过访谈了解价格在用户预订短租民宿时对于购物决策的影响程度。（太过具体。）

正确示范：通过访谈了解用户预订短租民宿的动机，以及预订过程中他们会有哪些预期和顾虑。

4.1.2　撰写访谈脚本

访谈脚本（Moderation Guide）可以是访谈的提纲，也可以具体到每一个你要提问的问题。如前面所说，这取决于这次用户访谈的类型（结构化访谈、半结构化访谈、非结构化访谈）。但除了要考虑脚本的详细程度外，另外还要考虑以下这些要素。

- 访谈目标中的要点是否都已体现在脚本中？

- 你的团队或利益相关者对脚本还有哪些反馈？

- 访谈脚本里涵盖的内容是否能够在预定的访谈时间内完成？

● 这些问题是否清晰易懂？是否存在具有引导性的问题？

什么是"具有引导性的提问方式"

我们在访谈中应该避免提出具有引导性的问题（Leading Questions），这句话说起来容易，但我想即便是具有一定访谈经验的用户体验研究员也难以保证绝不犯此类型的错误。"你在国外有多想我呢？"这是来自我妈妈的典型引导性提问。这个提问的问题在于她已经预设我是想她的，现在只是想了解程度而已。

下面是一些常见的具有引导性的提问方式。

错误：你每天都使用这款产品吗？

正确：你什么时候使用这款产品？

错误：你注册账户是因为你想要获得折扣吗？

正确：你为什么会注册账户？

错误：你觉得这款产品对你有帮助吗？

正确：你对这款产品的感受如何？

错误：让我告诉你这款产品应该如何使用。

正确：请先尝试使用这款产品，然后告诉我你的感受如何。

错误：你会单击这个按钮吗？

正确：你认为下一步你会怎么做呢？

4.1.3　访谈脚本的基本结构

● 欢迎语和访谈基本介绍

　　○　讲述研究目标，让用户知道自己为什么会被邀请参加访谈。但值得注意的是，这一步的目的并不是要把研究目标像与产品团队进行沟通那样，也向用户详述一遍。而且我也强烈建议这部分内容尽量说得概括一些，以避免用户过多知道研究目标而影响他们的回答。

- ○ 告知用户回答没有对错，访谈旨在了解用户对产品最真实的感受。

- ○ 向用户澄清因访谈的特殊性质，用户体验研究员可能无法回答访谈过程中他们提出的产品问题。告知用户如果有关于产品具体使用和操作方面的问题，可以在访谈结束后进行提问讨论。

- ○ 征求用户同意，告知用户谈话将被录音，观察室有产品团队成员在进行观察。

- ○ 介绍保密性原则，告知用户所有的访谈内容和用户的身份信息都会在公司内部保密。

- ○ 介绍访谈时长和访谈内容结构。

- ● 自我介绍

  - ○ 用户体验研究员进行自我介绍。

  - ○ 邀请参与访谈的用户进行自我介绍，如姓名、职业、兴趣爱好等。

- ● 访谈主体部分

  这一部分则是访谈的主体谈话环节了。这个部分记录的是你将要向用户提出的问题。以下是一些常见的问题。

  - ○ 产品的场景。

  - ○ 使用产品的目的。

  - ○ 目前是如何使用产品的。

  - ○ 在使用产品的过程中发现了哪些问题。

  - ○ 理想的产品体验是什么样的。

● 结束语

    ○ 询问用户关于我们的产品是否还有其他建议和意见。

    ○ 感谢用户（并支付礼金）。

    ○ 送用户离开访谈室。

用户访谈提纲模板如图 4-2 所示。

图 4-2　用户访谈提纲模板

4.1.4　创造轻松舒适的谈话氛围

或许是人类的天性使然，我们往往更容易在一个轻松愉悦的环境下想起更多过往体验的细节，也更愿意向一个我们信任的人倾诉自己的真实感受。正因为如此，我们的访谈应该尽量去营造这样的氛围。以下是营造这种氛围的小技巧。

- 在访谈前与用户进行一些预热交流。我一般会亲自去公司前台接访用户，并利用上楼的机会和他们进行预热交流。

- 在访谈正式开始时，解释访谈的目的，如帮助新产品开发或提升目前产品的用户体验。告知用户访谈中的回答不分对错，我们需要了解的是用户的真实感受。告知用户自己在团队中的角色是用户体验研究员，而非设计师。因为在访谈中我发现有些用户在得知和他或她交谈的是产品的设计师后，出于礼貌而不愿客观中立地反馈产品使用过程中出现的问题。

- 访谈过程中让用户感受到认可，我们可以通过点头、正面回复、眼神接触、使用他们使用过的词汇来增强这种确认感。但我不会在听到某一个我认为有用的结论时突然动笔记录，因为我担心这样会误导用户，让用户认为某一类回答是我特别想要听到的。为了避免这种情况出现，我会在访谈的全过程中都不时记录用户的反馈。

- 减缓说话的速度，即便用户的说话节奏很快，我们也可以通过有意识的引导来让谈话变得有条不紊。

- 先从轻松简单的话题开始提问，如与其问"你对上一次旅行预订的住宿感觉如何"，不如先问"你上一次旅行是在什么时候，去了什么地方"。

- 向用户展现你的同理心。关于同理心与同情心的区别，我们在第 1 章　什么是用户体验研究的 1.2 节中有详细的叙述。

4.1.5 深挖访谈内容，做好"即兴"的准备

访谈最大的魅力就是充满不确定性，这也是为什么这里说我们要时刻做好"即兴"的准备，根据用户的回答进行适当的深挖或转换。这也是为什么我觉得把访谈比作"激流勇进"很合适，因为你没有办法计划好确定的行船路线，而是要根据当时的水流方向

不断确定自己的划行方向和速度。

探索型访谈我们可以依照 5W 原则来进行提问，即 What、Why、Who、When、How（什么、为什么、谁、什么时候、怎样）

- 你期待的住宿体验是什么样的？

- 你为什么会那么说呢？

- 这次旅行你和谁在一起？

- 你们在什么时候发现房间不符合你的预期的？

- 发现后你们是怎样做的？

也许在访谈中你还会碰到一些很内向的用户，这时候你就需要使用一些提问技巧来帮助他们打开话题。以下是一些典型的追问句式。

- "你刚才说这次旅行不是很愉快，可以具体说说你为什么这么说吗？"

- "不愉快的经历？"（直接引用用户的原话，并表示好奇）

- "我想确认一下我是否真正理解了什么叫作'旅行就是等待'，你能解释一下吗？"

访谈中你还有可能碰到非常外向的用户，他们非常乐于表达自己的想法，有时还会因为过度健谈耽误了访谈的进度，这时你需要在保持礼貌的同时夺回访谈的掌控权，于是你可以尝试以下的沟通方式。

"我们非常想多了解一些您对旅行目的地决策的看法，不过我们还想在有限的时间内了解您对于行程规划的见解。我们可以聊聊这方面的内容吗？"

4.1.6　访谈后及时小结

在每场访谈结束后，我通常都会预留 15 分钟左右的时间与观察室的产品团队对这一场的主要收获进行快速小结。我会先从用户体验研究员的角度说一下我的收获，然后让团队成员进行相关补充。这样一天的访谈结束后，关于调研的主要结论就已经初具雏形，这对后续的数据整理，以及团队消化和理解调研结论都有很大的帮助。关于如何进行访谈小结，我们将在第 5 章　结论的沟通与落地中进行更为详细的说明。

4.2　可用性测试

和用户访谈不同的是，可用性测试更像是站在用户的身后了解他们是如何使用我们设计的产品的，因此我们可以知道如何通过设计来提升产品的可用性。图 4-3 所示就是一次可用性测试的执行过程。

图 4-3　可用性测试

以下是进行可用性测试的主要步骤。

4.2.1　设置测试目标

在开始测试前，设置一个明确的测试目标是至关重要的。以下这些问题可以帮助我们校准测试目标。

- 这次设计的商业目标是什么？

- 基于这个商业目标，要解决的产品设计问题是什么？

- 我们的研究目标是否能够给产品团队足够的信息来帮助他们进行产品设计决策？

- 基于这个研究目标，我们的测试需要包括哪些测试问题？

- 基于这个研究目标，我们需要招募哪些类型的用户？

4.2.2　用户招募标准

用户招募的标准取决于测试目标，我们需要选择符合标准的测试用户。通常情况下你可以用以下维度来考虑用户的招募标准（Recruitment Criteria）。

- 产品使用经验：未使用过产品的新用户、使用过产品的初级用户、使用过产品的资深用户。

- 产品使用频率：高频用户、中频用户、低频用户。

- 特定领域专业知识的掌握程度：该领域资深专家、中级从业者、初级从业者。

- 受教育程度。

- 收入水平。

- 年龄层次。

- 性别。

关于你需要招募多少用户，我们在第 3 章　研究计划的 3.5 节中已经有详细说明。

4.2.3　设置测试任务

设置测试任务是准备阶段的关键所在，在准备测试任务时应该时刻记住以下几点。

● 确保每一个任务都与测试目标有关，并涵盖测试目标中的每一个细节点。

● 任务场景应反映用户的高频典型场景。

● 测试任务中不要使用专业词汇，如 CTA、SKU 等。

● 测试任务的顺序应符合正常的操作流程。

如果测试任务不符合实际情况，你会发现测试任务对用户来说只是走流程而已。他们对于使用情境并没有太多的代入感，而这往往会导致测试的可信度大大降低。进行以下 4 种任务可以提升你的可用性测试的质量 ①。

● "寻宝游戏"

这个类型的测试任务和时下热门的综艺节目通常具有异曲同工之妙，核心主旨都是给参与者一个任务（或任务清单），让他们去找到任务（或任务清单）要求的物品，通常是找到 A、B、C 等几样物品。在可用性测试中，典型的任务可能如下所述。

"你准备和你的家人下个月 3 ～ 5 日去阿姆斯特丹旅行。这趟旅行一共有 5 个人，其中包括 3 个孩子。请你从网站上找到你认为适合这趟旅行的住宿。"

● "反向寻宝游戏"

与上面提到的"寻宝游戏"不同的是，"反向寻宝游戏"会直接给予测试用户一样物品，然后让用户通过使用我们要测试的网站去找到这样物品。通过这个测试，我们可以了解当用户拥有一个非常明确的目标时，当下的搜索体验能否很好地满足这样的需求。

● 自由任务

以上提到的"寻宝游戏"或"反向寻宝游戏"都是建立在用户体验研究员清楚知道用户使用网站的目标和任务的基础上的。但如果你并不清楚用户的使用动机呢？在这种

① Travis, D.& Hodgson P. Think Like a UX Researcher: How to Observe Users, Influence Design, and Shape Business Strategy. Taylor & Francis Group. 2019.

情况下，你可以尝试自由任务，即先询问用户他们期待通过待测试的产品完成哪些目标任务，然后让他们根据自己描述的目标任务通过网站进行操作演示。

● 风险共担

可用性测试最常出现的一个问题是用户并非处于测试任务的真实环境，因此在这种情况下我们无法了解用户在现实状态下的行为方式和思考逻辑。一个很典型的例子就是当我们测试支付流程时，如果用户只是通过测试账户进行下单操作，很大可能是他并不会仔细阅读很多支付细节信息，而直接下单。基于这样的情况，我们在测试支付流程时，可以考虑招募具有真实购买需求的用户，邀请他们来进行下单操作。这样用户自行承担部分支出，而另一部分支出则可以通过测试酬劳的形式返还给用户。

4.2.4   测试执行

首先要注意的是，可用性测试的执行阶段要保持一致性，也就是说要保证不同的被试者所接到的测试任务是一样的内容和顺序。此外，在测试开始前确保你向被试者阐明了以下事项。

● 测试时长。

● 自我介绍：向用户介绍你的名字以及职务（你需要告诉用户你本人并非产品设计师，因此用户对于产品的任何建议和意见都可以直接对你表达，不会有过多顾忌）。

● 双方签署保密协议：用户数据将被公司保密，测试内容也需要被测试用户保密。

● 强调测试过程中请全程出声思考，这样可以更好地跟上测试用户的思维节奏和所思所想。

● 告知测试的目的在于了解产品的用户体验，而非对用户本人的测试，因此回答没有对错之分。

- 在对测试开始录像前，需征得用户的同意。如果团队正在通过单面镜或视频直播观看测试，也请把这一点告知用户。因为在测试结束前，你可能需要告诉用户自己要去和团队成员确认他们是否还有需要补充提问的问题。

4.2.5　测试笔记

　　如果你是测试的主试人，除了你自己可以进行记录外，还可以邀请产品团队的其他成员参与测试的观察和记录，如图 4-4 所示。

图 4-4　产品团队观察可用性测试

　　关于测试笔记，如果多人协作进行记录，那么你需要一个统一的记录模板，如图 4-5 所示。对于模板，我有以下建议。

- 不仅要记录下用户是如何操作的，还要记录下他们在操作过程中的所说所感。

- 如果可以，尽量记录用户原话。

- 记录中先不要对用户行为和态度进行过多解读，关于设计修改方案等思维发散步骤应等测试结束后再做进一步探讨。

● 如果你使用 Excel 表格记录，可以设置时间戳，这样每一条记录都会有对应的
时间。你可以很容易地找出对应这条记录的用户录像在哪里，从而方便后续的
回放分析或最后的报告分享展示。

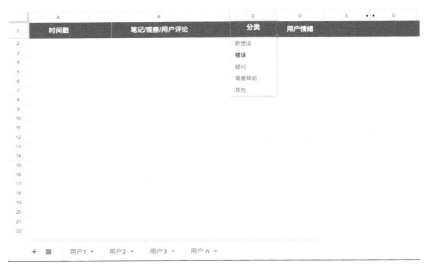

图 4-5　可用性测试记录模板

4.2.6　可用性测试中的常见错误

● 说太多

当你作为可用性测试的主持人时，需要谨记的一个重要原则就是：不要说太多。图 4-6
所示的可用性测试"闭嘴曲线图"表明，在测试开始和结束时可以稍微多说一些，但在
可用性测试过程中一定要记得"闭嘴"。因为在可用性测试的开始阶段，用户体验研究
员应该向用户详细说明测试规则，而在任务结束后则可以追问用户的使用感受。但在任
务进行过程中，则应该重点观察用户是如何在测试任务所指明的使用情境下使用产品
的。当然，如果你发现用户忘记了出声思考，可以适当提醒用户：能告诉我你现在在看

什么信息、在想什么吗？

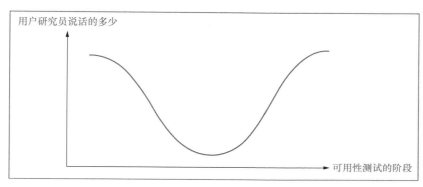

图 4-6　可用性测试"闭嘴曲线图"

● 　回答用户的提问

在测试过程中，难免用户会向你提出一些问题，特别是当他们操作遇到困难的时候，他们会询问主持人以获得下一步操作的提示。这时候作为一名用户体验研究员你可能难免感到激动：终于又发现一个产品的可用性问题了。可是这时候作为一个具有基本良知的人，你也会感到进退两难：虽然不应该告诉用户下一步应该如何操作，但应该如何在明知道答案的情况下拒绝回答呢？我的建议是采用回旋镖话术（Boomerang Technique）。这个名词说出来或许你依旧不太明白，但下面这个例子你一定不陌生。

女孩：你觉得我现在算你女朋友了吗？

男孩：这个嘛……呃……你觉得呢？

女孩：……

此时这个男孩采用的就是回旋镖话术，不正面回答问题，而是把问题抛给对方。是的，在日常生活中我和你一样痛恨这样的人和这样的回答，但我不得不说，在可用性测试甚至是访谈中，为了不影响用户的思考，我们通常建议主持人采用这样迂回的方式回答用户的提问。

- ● 可用性测试变成了用户访谈

回想我曾经做过的可用性测试，有那么好几次，可用性测试都几乎沦为了用户访谈。如果要我总结一下为什么会出现这样的状况，我想常见的情形如下所述。

- ○ 你的产品团队并不了解自己的用户群体，在你组织这次可用性测试之前，他们几乎没有接触过真正的用户。于是在你给团队看完测试脚本后，他们会在测试问题里建议加上很多访谈问题，例如，你平时在家是如何操作的？你为什么会这么操作？

- ○ 你所招募的测试用户非常"积极"，他们除了完成测试任务外，总会想把你带入由他们引导的对话中。例如，他们会一边做测试任务，一边想获取你对他们操作或者想法的认可，并尝试通过眼神交流来开启任何可能的深入交谈。

对于第一种情况，我想你需要让你的团队首先明确一点：可用性测试和用户访谈是针对不同研究目标的研究方法。对于可用性测试来说，并非不能询问关于主观感受的相关内容，但这些问题会被放到测试的最后，在用户完成了所有测试任务后再进行询问。关于如何在测试任务后了解用户的主观感受，在接下来的 4.2.7 小节中我们会进行详述。

对于过于"积极"的用户，你可以从测试的一开始就通过肢体语言告诉用户这是一次可用性测试，而非一次访谈对话。例如，你可以尝试坐在靠后一些的位置让用户知道你的角色是一个"观察者"而非"对话者"，或者你可以坐在一侧稍微远一点的位置，这样用户就没有办法在测试过程中不断和你进行眼神交流。

4.2.7　完成测试任务后的主观感受访谈

关于用户主观感受的访谈，应该放到测试任务完成后再进行，以免影响测试结果。

但总体来说这也是可用性测试的重要环节。在这一环节中你可以询问用户对于产品的效率、使用难易程度、整体满意度等不同维度的感受，以下是一些例子。

- 你对产品的整体感受如何？

- 哪些是你最喜欢的？哪些是你最不喜欢的？

- 如果你需要对产品（或具体某个功能点）进行 1 ～ 10 分的评分（1 分是最低分，10 分是最高分），你会给几分？为什么？

4.3　问卷调研

撰写问卷或许完全不像你想象中的那么简单，我想这也是为什么在一些国际大型的科技公司里，问卷调研都是由那些拥有社会学博士学位的同事们来负责。当然你可以反驳说"为什么我总能在访问网站或者打开邮箱时看到各式各样不合理的调研问卷"，我想这是因为问卷是一项执行上简单，但设计上十分复杂的调研，而正因为如此，问卷调研成了一种被滥用的方法。

接下来我会介绍一些在撰写问卷调研时需要注意的要点，来帮助你避免跌入一些问卷设计的常见"陷阱"。但就像学习走路一样，跌倒总是必经之路。希望以下的问卷调研步骤能够帮你少一些跌倒，多一些反思和总结。

4.3.1　明确调研目标

和其他的用户体验研究项目一样，展开问卷调研的第一步就是明确调研目标。而明确调研目标需要清晰地了解这个项目的商业背景以及研究目标。

- 了解商业背景能够帮助我们了解为什么某一个或几个产品功能会这样设计，以及这样的设计是如何帮助我们实现最终的商业目标的。

- 了解研究目标能帮助我们理解我们为什么需要进行此次用户体验研究，以及研究的目标是什么。

由此我们能明确问卷调研的最终目标：是了解用户需求，还是评估现有设计从而为改版提供方向和思路？研究目标将最终帮助我们决定问卷的内容、结构、投放人群和投放方式。

4.3.2   确定调研问题

在明确了调研目标后，请不要着急撰写问卷，而是应该先为你的问卷撰写一个问题大纲，即此次调研想要了解的问题都有哪些。有了这个问题大纲，才能避免问卷问题冗长或者偏离调研目标。

4.3.3   明确样本要求

确定什么样的用户是这次问卷调研的目标受众往往是问卷设计的关键部分。根据调研目标，具体的样本标准往往各有不同，但我们在制订样本要求时，往往会考虑以下 3 个方面。

- 人口学特征：例如年龄、收入、职业、家庭状况、教育程度等。
- 产品使用行为特征：例如使用频度、使用场景等。
- 产品使用态度特征：例如对某一功能的满意程度等。

4.3.4   撰写问卷

大量实践是积累问卷撰写经验和技巧的最好方式。以下是一些基本的原则，希望大家可以在实践中规避一些基础性错误。

- 保证问卷整体的逻辑性。为了保证问卷让人感觉能轻松回答，问题应该按照一定的内在逻辑进行分组归类。

例如，如果问卷是关于电商网站用户体验的，那么问题可以按照用户的购物流程来进行设置。

- 确保问题简单易懂。为了确保问题容易被受众理解，我们应避免使用专业术语和双重疑问句，并保持问题的简短。

- 避免一个问题中包含两个概念。当一个问题中包含两个概念的时候，我们很难了解用户对于单独概念的感受，从而也降低了问卷的可信度。

例如，请对我们网站的简单易用程度进行评分。显然这个问题中就包含了两个概念，即简单和易用。或许在我们看来这是两个相近的概念，但我们并不能确保这两个概念在用户的心智模型中是否是两个一样甚至接近的概念。

- 平衡问题选项。当你的问题是要求用户对于某一描述进行程度评分时，一定要确保正面和负面的选项是平衡的。

例如，您对我们快递的速度的满意程度如何？

A．非常满意

B．满意

C．非常不满意

这个问题的选项本身就不够平衡。因为在选项中，正面选项有两个，而负面选项只有一个。因此选项中需要补充不满意这一项。此外，问题选项中还缺乏中立选项。

正确的选项应该是：

A．非常满意

    B．满意

    C．不确定

    D．不满意

    E．非常不满意

● **避免选项重合**。在设置完选项后，一定要记得检查选项中是否具有包含关系。

例如，下面关于年龄的选项。

    A．18 岁及以下

    B．18 ～ 25 岁

    C．25 ～ 35 岁

    D．35 ～ 45 岁

    E．……

● **为问题设置"出口选项"**。所谓的出口选项，举例来说就是不确定、以上均不符合这类型的选项。因为很多时候用户确实已经忘记了当初做出某些选择的原因，或者在某些情况下用户的态度是中立的。留有这样的选项出口可以避免用户给出一个并不能体现自己观点的选项。

● **设置开放性问题**。虽然问卷调研最重要的目标是对某一问题进行定量验证，但问卷仍然可以作为搜集用户反馈进行某一问题探索的方式，因此在问卷最后设置开放性问题是很有必要的。但是为了保证问卷填写的完整度，记得把开放性问题放到最后，并设置为非必答问题。

问题的开放性还体现在单选或者多选问题中，留有"其他，请说明"的选项。但记得也请把这类选项放在所有选项的最后。

● 为没有内在逻辑的问题及问题选项设置随机顺序。

设置问题及问题选项的随机性是为了保证不让问题或选项的顺序影响用户作答的客观准确性。例如，对于一份长达 30 道问题的问卷，也许用户会非常认真仔细地回答前 10 道问题，而回答之后的问题时则开始注意力下降。因此，我们要在不影响问卷逻辑性的情况下，对问题顺序或者选项顺序进行随机设置。这样在同样搜集到非准确数据的前提下，不准确数据对于问卷所有问题，或者问题的所有选项的影响程度都是均衡的。

但并不是所有问题都可以设置随机顺序的。当问题之间具有先后的逻辑顺序时，我们往往不可以设置随机顺序。如问题的顺序是根据购物流程设置的，那么这些问题之间的顺序请不要设置为随机，否则问卷整体的逻辑性会受到影响。

问题的选项同样不是都可以设置随机顺序的，例如年龄。如果把这样的顺序打乱，用户的作答将会受到很大的影响。

但对于类似职业的选项，如教师、医生、公司职员等这些选项之间不存在逻辑连续性，因此可以设置选项为随机。

● 精简问卷和选项的长度。虽然我们会为了避免用户的不认真作答而采取一些应对措施，从而尽量降低他们对于问卷准确程度的影响，但不得不说，我们还是要尽量缩减问卷问题和选项的长度。对于问卷来说，保持问题数量在 15 道及以内；对于选项来说，确保选项不要超过 7 个，5 个以内为最佳。

4.3.5　检查问卷

在问卷正式投放之前，应反复检查问卷的语言和逻辑清晰度。对要投放的问卷进行软启动（Soft Launch）是很有必要的。通过投放少量的问卷，我们可以监测以下内容。

- 作答时间。如果作答时间与预期差异过大,我们需要考虑问卷是否足够清晰易懂。

- 完成度。用户是否因为问卷问题不清楚而放弃作答,如果放弃作答率很高的话,我们需要了解具体是到哪一题放弃作答率开始飙升。

- 事件率。监测符合问卷招募标准的用户有多少,从而预估是否能够获取足够样本量,以及获取该样本量需要多少时间。

本章小结

用户访谈、可用性测试执行步骤及注意事项小结如图 4-7 所示,问卷调研执行步骤及注意事项小结如图 4-8 所示。

用户访谈、可用性测试执行步骤	注意事项
1　研究计划及访谈目标	• 避免过于模糊或太过具体 • 了解商业目标 • 明确研究目标
2　制定用户招募标准	• 产品使用经验 • 领域专业知识的掌握程度 • 受教育程度、收入水平 • 年龄、性别
3　撰写访谈脚本、设置测试任务	• 避免引导性提问 • 可参考可用性测试任务类型:寻宝游戏、反向寻宝游戏、自由任务、风险共担
4　访谈执行/可用性测试	• 创造轻松舒适的谈话氛围 • 深挖访谈内容,做好"即兴"准备 • 完成可用性测试任务后可增加主观感受访谈
5　访谈/测试小结	• 有效记录访谈、测试中的研究发现 • 访谈、测试结束后及时与团队进行小结

图 4-7　用户访谈、可用性测试执行步骤及注意事项小结

问卷调研试执行步骤	注意事项
1 明确调研目标	· 了解研究的商业背景和目标 · 明确研究目标
2 确定调研问题	· 避免问卷偏离调研目的 · 避免问卷问题冗长
3 明确样本要求	· 人口学特征 · 产品使用行为特征 · 产品使用态度特征
4 撰写问卷	· 保证问卷整体逻辑性，确保问题简单易懂 · 避免一个问题中包含两个概念 · 平衡问题选项，避免选项性重合 · 为问题设置"出口选项" · 设置开放性问题 · 为没有内在逻辑的问题及问题选项设置随机性 · 精简问卷和选项的长度
5 检查问卷	· 作答时间 · 完成度 · 事件率

图 4-8 问卷调研执行步骤及注意事项小结

第 **5** 章

结论的沟通与落地

> "在设计改变公司或激发创新想法时，分析与综合是一样重要的。它们都在创造新的可能性中扮演着重要的角色。"
>
> ——蒂姆·布朗　全球创新设计公司 IDEO 董事长，《设计改变一切》

在本书里，我回顾了自己从事用户体验研究工作以来面对的种种挑战，例如在进行研究计划时面对应接不暇的研究问题慌了手脚，不知到底应该采用什么样的研究方法和样本量；又如被团队质疑用户体验研究结论的可信度，或到底能够给公司带来什么样的商业价值时，因一下子回答不上来而怀疑自己的工作价值。但如果说我最常被问到，也可以说是用户体验研究古今中外的难题，那还非"研究结论如何沟通与落地"莫属。

我无意把本书变成一本"用户体验研究员求生指南"，只希望能够凭借我在工作中总结出来的一些实践经验，不管是作为知心大姐姐还是隔壁工位小妹妹，为大家提供一些应对挑战的建议。

关于调研结论的沟通与落地，大体上我有以下 4 点建议。

1. 用商业语言来聊用户体验

作为用户体验研究员，我们往往通过产品对用户目标、需求的满足来证明用户体验的价值。但如果这样与企业高层进行沟通，我们则会面临用户体验到底可以多大程度地为企业提供价值这样的挑战。这时候我们要做的是把用户体验问题转换为商业语言与企业高层进行沟通。

在项目实践中，我们可以考虑与数据分析师合作，搜集由于用户体验问题导致运营成本增加的案例，以说明用户体验的商业价值。这比我们不断强调通过用户研究来挖掘用户需求从而提升用户体验，要更有说服力。或许这样的说法有些"世俗"，但作为用户体验的"捍卫者"，能够通过有效的手段实现以用户需求为中心的设计才是我们作为用户体验研究员的最终目标。

2. 从小成本的"低垂果实"入手

每当听到"洞察"二字，我们就很容易产生一种"不明觉厉"的感觉。当"用户体验研究"遇到"洞察"二字更让许多产品执行团队有种巨大工作量迎面扑来的压力感。然而人类本性是不愿走出舒适区和面对不确定的。为了让产品团队更好地接受我们提议的用户体验研究洞察，我们不仅要提出具有可执行性的落地方案，还要建议产品团队花费很小的研发成本以获得"低垂果实"。关于"低垂果实",我们在本章5.3节分享的头脑风暴工具中会有所详述。

3. 汇报调研结论或许不是最好的传播途径

也许你并不是第一次听到这样的说法:做完一次用户体验调研后,研究报告发送出去,获得的只有产品团队的点赞分享,然后就没有然后了。即便你大费周章地组织了报告分享会,收效有时候也不尽如人意。面对这样的问题,我的建议是在调研执行的过程中就让利益相关者参与进来,让他们全程都参与观察与调研记录,甚至亲自来主持某几场访谈。在调研结束后与其花费一个星期的时间去独自撰写调研报告,不如及时地在调研结束后立即与团队总结调研结论,并在一周内组织调研结论的工作坊,一起讨论如何将结论进行落地。事实上,本章的内容其实就是这其中的具体步骤。

4. 与其成为用户体验的研究者,不如成为用户体验的促成者

最后这个问题,其实探讨的是关于我们如何在团队中定义自己角色的问题。用户体验是一项团队工作,为了确保以用户为中心的洞察能够更好地被整合到商业策略中,以及被出色地执行出来,光靠创造好看的设计、具有深刻洞察的研究、具有说服力的文案都是远远不够的。作为一名用户体验的实践者,我们的工作还包括沟通、组织协作、获得关注度,最终让利益相关者都成为用户体验策略的"合伙人"。

因此本章我将重点说说在完成了一次用户体验研究项目后,我们应该如何组织产品团队和所有的项目利益相关者进行研究洞察的综合分析,进而形成假设,创建待测试的问题解决方案,以确保调研结论的最终沟通落地。具体流程如图5-1所示。

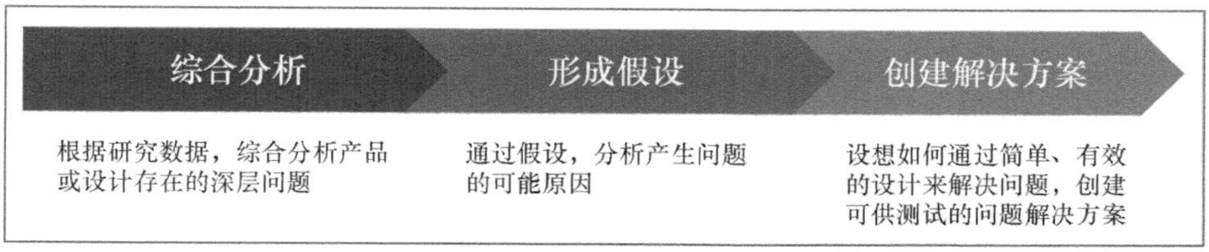

综合分析	形成假设	创建解决方案
根据研究数据,综合分析产品或设计存在的深层问题	通过假设,分析产生问题的可能原因	设想如何通过简单、有效的设计来解决问题,创建可供测试的问题解决方案

图5-1 结论的沟通与落地的流程

5.1　综合分析

综合分析（**Analysis And Synthesis**）可以分解为分析和综合两大部分。分析是指把复杂问题或概念分解为细小、简单易懂的组成部分的过程。而综合则是把每一个想法聚到一起，形成整体想法的过程。

5.1.1　通过共情图进行数据分析

共情图[①]

共情图是我们把用户体验研究执行过程中的洞察分解为细小、简单易懂的组成部分的一个工具。在共情图中，我们可以通过共情图所提供的模板，把用户在某一使用场景下的所说、所做、所思、所感给记录下来。

除了记录用户的所说、所做、所思、所感外，我个人在小结时会记录得更细致一些，会具体到某一个场景下，即我的共情图模板不仅包括该用户的所说、所做、所思、所感，还包括该场景下的用户的目标、用户痛点和惊喜点，如图 5-2 所示。这里要注意的一点是，与所说、所做、所思、所感不同，用户的目标、痛点和惊喜点并不是通过访谈的观察直接得出的，而是需要在小结过程中，由团队成员进行具体分析来得到数据。之所以加入场景、痛点、惊喜点，是为了在后续工作坊的 "The Job Story" 环节中使用。这个我们会在后面进行详细说明。

关于共情图，我一般会在每一天用户访谈结束后，组织大家花费 20 ～ 30 分钟的时间，以共情图的方式，对当日的观察发现进行小结。这样不仅可以及时帮助大家回顾一天的调研发现，还可以集中大家的力量，很快地把当天的调研总结完成。

---

① Sarah Gibbon. UX Mapping Methods Compared: A Cheat Sheet. NN/g Nielsen Norman Group.

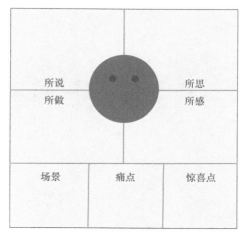

图 5-2 共情图

5.1.2 通过亲和图综合归纳数据要点

刚才说的利用共情图进行数据分析是在每天的调研结束后进行的小结，而在整个调研结束后，我都尽量在一周之内组织研究结论工作坊来总结研究发现，而小结过程中主要使用的方法就是通过亲和图来归纳调研的主要发现。

亲和图

亲和图又称 KJ 法，是一种用来组织想法、创意、数据的商业思维工具。它通常用于项目管理中的头脑风暴环节，把众多的创意想法根据它们之间的相关关系进行分组归类，以便于之后的审阅和分析。

图 5-3 所示的内容是我们在一次用户访谈后，把用户的行为态度根据不同主题进行的归纳，其中的几大主题包括用户评论、物流速度、商品图片、商品价格、商品参数等。每一个大主题下记录的则是通过访谈得到的数据，以及上一步总结的用户所说、所做、所思、所感及他们的目标、痛点、惊喜点等数据。

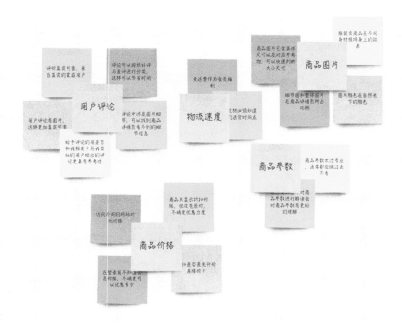

图5-3　亲和图

5.1.3　通过体验地图发现问题之间的内在关联

除了亲和图以外，如果你所观察的用户行为具有很强的流程属性，例如此次访谈的目的是了解家庭用户的旅行住宿体验，那么便可以使用体验地图。通过用户体验地图，你可以很好地按照搜索的先后逻辑顺序来组织数据，并发现用户在不同体验阶段（或使用场景）下的目标、需求、痛点、惊喜点以及对应的产品优化机会点。

体验地图

体验地图是通过视觉化的方式展现用户为了完成某一目标所要经历的过程的思维工具。通常情况下用户体验地图以用户行为的前后顺序作为主轴，在此逻辑基础上，你可以根据需要添加用户在不同行为阶段下的想法、态度、痛点、惊喜点等来丰富该用户的体验地图。

图 5-4 所示为我们根据用户搜索旅行住宿的关键阶段绘制的用户体验地图。在形成了这几个阶段后，把调研获得的数据，即用户在不同阶段下的想法、态度、痛点分别归类到相对应阶段下。

用户体验关键阶段	体验阶段 1	体验阶段 2	体验阶段 3	体验阶段 4
用户的目标 / 需求				
痛点/惊喜点				

图 5-4 用户体验地图

5.2 形成假设

有时候我们在掌握了用户洞察后，可以很快地找到解决方案，在这种情况下，形成假设这一步就显得很多余了。例如下面这个例子。

用户洞察：用户很难看到灰色文字的内容。解决方案：用更明显的颜色显示文字。

但现实世界往往比这要复杂，这也是为什么我们需要通过假设来探讨产生问题的原因，并针对不同原因来创建具有针对性的解决方案。例如，通过线上数据，我们发现用户很少在搜索栏填写自己的旅行目的，如图 5-5 所示（虚拟案例）。

那么可能的原因有哪些呢？通过可用性测试，我们发现产生这个行为的原因可能有以下几点。

1. 用户没注意到这个选项。（可以直接产出解决方案，无须进行假设。）

2. 用户搜索的是假日旅行，而非商务出差。（并非我们的目标用户，不予考虑。）

3. 搜索商务出差的用户对勾选这个选项没有明确的心理预期。（我们需要创建解决方案的主要场景。）

图 5-5　某旅行网站首页

根据以上形成的推理判断，我们可以通过使用在 5.1 节中提及过的 *The Job Story*[①] 来进行用户需求假设的描述。

当场景[搜索商务旅行时]，我想动机[知道哪些住宿选项更符合我的住宿需求，以及为什么这些住宿更适合我]，因此目标结果[我不需要花费太多时间去进行选择]。

看到这个模板，即场景—动机（行为、想法）—目标结果（用户目标），我想你或许感到很熟悉。是的，这就是我们在共情图中所提到的，要求产品团队或参加调研的利益相关者们在每一天的用户访谈后所要总结的内容。这个内容在后续工作坊的假设环节中起到了非常关键的作用。

① Klement, A. Replacing The User Story With The Job Story. 2013.

而在形成了用户的需求假设后，接下来就是根据需求假设，创建问题的解决方案了。

5.3 创建解决方案

也许作为用户体验研究员，你认为设计并非你的工作，你的调研任务在完成研究报告后就告一段落。但如果你真的这样想，或许你在产品团队眼里只是一个带有批判眼光的用户体验研究员，但还并不是一个真正与产品团队同舟共济并且具有问题解决能力的团队成员。互联网行业很流行"可落地性"一词，我想这也说明了这个行业对于实践性、问题解决能力的重视。这也是为什么我认为数据综合分析（**Data Analysis and Synthesis**）甚至比撰写研究报告本身更重要。我这里所说的数据合成包括了以下几个方面。

- 研究项目后的小结。（思考工具：共情图[①]。）

- 与产品团队进行数据整理。（思考工具：亲和图[②]、体验地图[③]。）

- 梳理用户需求。（思考工具：The Job Story[④]。）

- 创建问题解决方案。（思考工具：头脑风暴模板。）

在创建问题解决方案的时候，我们可以通过工作坊的形式，让团队成员一起参与解决方案的创想。图 5-6 所示为我经常使用的头脑风暴模板。

用户洞察	用户需求 The Job Story	解决方案		
		低垂的果实	远大理想	触及情感

图 5-6　头脑风暴模板

---

① 详细方法步骤参考 5.1.1 小节通过共情图进行数据分析。
② 详细方法步骤参考 5.1.2 小节通过亲和图综合归纳数据要点。
③ 详细方法步骤参考 5.1.3 小节通过体验地图发现问题之间的内在关联。
④ 详细方法步骤参考 5.2 节形成假设。

- 用户洞察：通过调研观察到的用户行为、态度，一般包括用户目标、行为、痛点等。

- 用户需求：将用户洞察通过 The Job Story 转换成更具有场景化的需求描述，包括产品使用情境描述、用户动机和目标结果。

- 解决方案：当对解决方案进行头脑风暴的时候，我们可以从以下 3 个方面来进行思考。

  ○ 低垂的果实：成本最低的问题解决方案。

  ○ 远大理想：最理想的问题解决方案。

  ○ 触及情感：什么样的解决方式可以满足用户的情感诉求。

5.4　追踪解决方案的效果

在和团队一起根据调研洞察创建产品设计解决方案后，最后一步就是检验实现效果了。我想大部分产品团队检验实现效果的方式就是 AB 测试。

AB 测试（AB Testing）

AB 测试为一种随机测试。在测试中，产品团队会为测试产品界面制作两个或多个界面版本，一般是线上版本（Variant A）以及测试版本（Variant B、C、D……），并在同一时间维度上让组成成分相同的访客人群随机访问这些版本，以搜集各群组的用户体验和业务数据（如点击量、转化率等），从而分析、评估得到最优版本。AB 测试示意图如图 5-7 所示。

作为用户体验研究员，我通常都会密切地关注通过我的研究项目所获洞察而上线的实验。一方面不得不承认内心肤浅与虚荣的一面让我很想知道和团队一起创建的解决方案是否对产品的用户体验和业务有所提升，另一方面我也希望从实验数据中了解到新方案对用户行为是否有影响，如果有，那么具体影响是什么。通过不断地分析练习，我们可以不断学习和积累什么样的优化方案能产生什么样的产品结果。

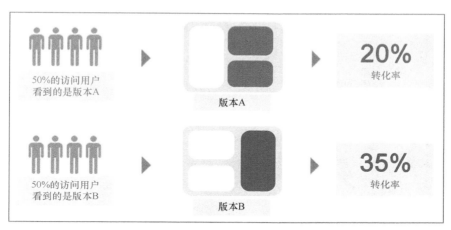

图 5-7　AB 测试示意图

但此处要注意的一点是，通常产品团队都会以商业目标来衡量实验效果，例如将新旧版本带来的转化率、成交量等作为检验解决方案的成功标准。作为用户体验研究团队，我们要提倡的则是在衡量标准中加入用户体验衡量指标（UX Measurement Metrics）。因为只有这样，我们才能确保产品的解决方案是真正以用户体验为中心、以是否提升了用户体验为目标来评判的。

例如，产品要解决的用户需求是帮助家庭旅行用户更轻松地找到符合需求的旅行住宿，产品解决方案是为家庭用户提供定制化的、家庭友好型的全流程用户体验。此时衡量解决方案的商业衡量指标是家庭旅行用户的预定量、转化率，而更能反映用户体验的衡量指标则应该是家庭用户的预定时长、联系客服的需求率等。

最后，一个产品或某一功能的成功与否取决于很多因素。或许我们的用户体验研究工作可以参与到产品开发的前期需求的探索型研究、中期设计的生成型研究，以及后期实现的评估型研究中，但还有太多关于公司内部的整体产品策略、市场外部的竞争环境、社会经济的发展周期、消费者需求的变化等不确定因素在产生影响。因此当你和团队的想法并不成功的时候，不断分析总结到底是哪一环节出了问题或许是你能做的最有意义的事情，而不是一味地否定自己或者和你合作的团队。

本章小结

在完成一次调研执行后，我建议你花一些时间和你的产品团队一起进行数据分析和结论沟通，或者说组织一系列具有参与性的综合分析工作坊或协作活动。本章为你组织这些活动提供了以下一些设计思维工具。

- 共情图。把用户体验研究执行过程中洞察到的用户在某一使用场景下的所说、所做、所思、所感分解为细小、简单易懂的组成部分。该工具可以作为每日调研的总结方式。

- 亲和图。用来组织想法、创意、数据的商业思维工具。该工具通常被用于调研完成后的工作坊环节，把众多的创意想法根据他们之间的相关关系进行分组归类，以便之后的审阅和分析。

- 体验地图。以用户行为的前后顺序作为主轴，在此逻辑基础上你可以根据需要添加用户在不同行为阶段下的想法、态度、痛点、惊喜点等来丰富该用户的体验地图。该工具通常被用于调研完成后的工作坊环节，以视觉化的方式展现用户为了完成某一目标所要经历的过程。

- **Job Story**。包括用户使用场景、动机和目标结果 3 大核心信息，提供了一个在工作坊环节对用户需求进行描述的参考框架。该工具可以在下一步的解决方案中你更好地以用户需求为中心，进行解决方案的发想。

- 头脑风暴模板。可以在创建问题解决方案时，让团队成员从不同的维度思考问题解决方案（成本最低的问题解决方案、最理想的问题解决方案、满足用户的情感需求）。

第 6 章

用户体验策略

"敏捷开发 + 用户体验 = 心碎一地。(在繁杂过程与专业术语中飘荡的两个灵魂。)"

——*Lean UX* 作者　杰夫·戈塞尔夫

在从事用户体验研究的工作中，我曾觉得自己和产品团队的合作像一段"包办婚姻"，我对他们的敏捷开发流程和术语很陌生，他们也对我总是挂在嘴边的用户体验研究流程感觉不耐烦。可是这毕竟是一个人人高举"用户体验"大旗的时代，于是我们不得不继续互相隐忍。

从用户体验研究到用户体验策略，我写本章的内容不仅是为了帮助你——我亲爱的读者，也是为了帮助我自己，重新站在一个更宏观的层面去梳理用户体验与产品开发之间面临的问题及应对方式。

6.1　什么是用户体验策略

6.1.1　什么是用户体验

要给用户体验下一个定义真的太难了，因为它基本包含了交流与交互的方方面面。以下是一些权威机构给出的用户体验的定义。

- **NN Group**：用户体验包含了终端用户与公司、服务、产品交互的所有方面。

- **The ISO**：用户体验是用户在使用产品后或还没有使用产品前对产品、系统、服务的认知和反馈。

- **UXPA**：用户体验是用户与产品、服务和公司交流或交互过程中产生用户感知的方方面面。

- **Wikipedia**：用户体验是当一个人在使用某一产品、系统或服务时所产生的情感和态度。

图 6-1 所示为克里斯蒂安·罗赫勒[①]总结的用户体验从最外层到内核包含的 4 个方面。

---

① Rohrer, Christian & Wendt, James & Sauro, Jeff & Boyle, Frederick & Cole, Sara. Practical Usability Rating by Experts (PURE): A Pragmatic Approach for Scoring Product Usability. 2016.

- **外在感受**：视觉设计得清晰、专业、恰当。

- **声音和语言**：清晰和恰当的用词、语言和内容。

- **交互**：交互简单易用。

- **用户需求**：产品的内核，如果产品不能满足用户需求，则什么也不是。

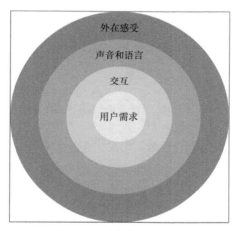

图 6-1　用户体验的组成部分

6.1.2　什么是策略

关于策略的定义，词典给出的解释是：通过科学或艺术的手段，为了实现一定的战略优势或成功，根据形势发展而制定的行动方针和斗争方式。

因此，如果把解释策略的关键词拆解出来，则包括以下几个关键要素[1]，如图 6-2 所示。

- **科学与艺术**。科学与艺术的区别在于，一方面，艺术是主观的，而科学是客观的。艺术包含历史、文化，以及在历史文化共同作用下形成的社会共识与审美。而科学则包含一套科学的从假设到验证、结论，以及推理到更广泛领域的系统性过程。

---

[1] Rohrer, Christian. Managing User Experience Strategy. NN/g Nielsen Norman Group. 2019.

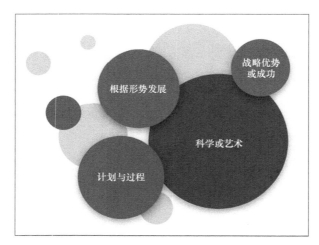

图 6-2　策略关键词包含的要素

我们在制定策略，特别是用户体验策略时，需要考虑到这两部分的结合。这一点和用户体验研究是相似的，就像我在第 2 章　用户体验研究的基础方法与技能中提到的：

"有人说用户体验研究是科学，因为这个职业需要有严谨的研究方法和缜密的分析能力；有人说用户研究体验是艺术，因为这个职业需要一些对生活的热情、对人性的好奇、对世界的想象，以及一些瞬间迸发的灵感。我想也正是因为这样，用户体验研究才是一门跨专业的学科，它需要将横跨多个学科领域的研究方法贯通在产品研发的不同阶段，让我们更接近事情的真相。"

例如，在制定用户体验策略时，我们既要考虑到商业策略中更为理性的"竞争策略""商业模型"，同时也要考虑到更为感性、主观的"创新模式"与"品牌策略"。

● 计划与过程。"过程就是终点"是我一直遵循的人生信条之一，这句话用在用户体验策略中亦然。我一直坚信用户体验策略中对于过程的计划远比对于结果的预期要更为重要。这也是为什么杰米·利维在 *UX Strategy*：*How to Device Innovative Digital Products that People Want*[①]总结的关于用户体验策略大家常见的几种迷思中，指出最常见的一个错误观念就是认为用户体验策略是产品用户体验设计的"北极星"。

① Levy, J. UX Strategy: How to Devise Innovative Digital Products that People Want. O'Reilly Media. 2015.

在快速迭代的产品环境下，把某一个策略方向当作恒定不变的指南方向是非常危险的。用户体验策略并不是一个"目标"或"方向"，而是一个以用户为中心进行产品研发的流程，这个流程鼓励我们不断地依据用户反馈来修正产品的目标和方向，从而进行快速的迭代。因此收集用户反馈并主导有效的数据综合（Data Sysnthesis）工作是用户体验研究员们工作中的重要一环。

- 根据形势发展。世界上唯一不变的就是变化本身，因此不要指望一旦形成用户体验策略，团队成员就要一成不变地执行下去。在制定体验策略的时候，留有一定的变化空间，并定期进行回顾、检验策略是否正确有效才是对待策略最正确的态度。而这其中，用户体验研究扮演着重要角色。

- 战略优势与成功。一个策略不能没有预期结果，无止境的开发及对产品功能实现不切实际的要求只会拖累产品实现进度，并最终威胁产品团队的"健康"程度。尽管我在前面提出了各种不确定性，但我们还是不得不思考应该如何制订一个最真实的项目目标。

如果一定要制订一个目标，**Hills**①是一个值得推荐的由 IBM 开发的目标制订工具。Hills（山头）源于美军的作战指导方针：当军队在制订战役目标时，通常不会制订出太过细致的目标，只会说这一仗的目标是攻下某个山头。同理，运用 Hills，我们在制订目标时需要清晰陈述的是我们想实现的用户和市场价值。采用 Hills 制订的目标应包含以下几个要素，如图 6-3 所示。

图 6-3　Hills 目标制订工具

---

① IBM. Enterprise Design Thinking.

以下是一个针对商务旅行用户，基于 Hills 目标制订工具，提出的产品目标。

Who：商务旅行用户。What：可以在最短的时间内找到公司预算以内的房源。Wow：以便他们能在差旅过程中享受在家一样温馨舒适的住宿体验。

6.1.3　用户体验策略包含的领域

我们似乎总把用户体验策略挂在嘴边，但当我们在说用户体验策略的时候我们到底在说什么呢？我想或许这个问题并没有一个标准答案，但至少应该包含以下几个层面的内容，如图 6-4 所示。

- 商业策略

- 设计与研究策略

- 流程策略

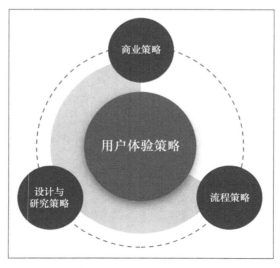

图 6-4　用户体验策略的组成部分

接下来，我会具体说说每一个策略层面都包含哪些具体内容。

6.2　商业策略

6.2.1　竞争策略

想到竞争策略研究，我眼前总能浮现莉莉·马丁·斯宾赛的作品《剥洋葱》，如图 6-5 所示。我想就像杰米·利维在 *UX Strategy*：*How to Device Innovative Digital Products that People Want* 一书中提到的："做产品竞争策略分析就像剥洋葱。你剥的层数越多，就能有越多的发现与洞见。最终你有可能泪流满面地发现你的产品价值主张并不是独特的。"

图 6-5　《剥洋葱》，莉莉·马丁·斯宾赛

尽管最后可能落得一地心碎，但我依旧坚持认为进行产品竞争策略分析应该是商业策略的第一步。毕竟知己知彼，才能百战不殆。而关于竞争分析的最经典的一本书便是迈克尔·E. 波特的 *Competitive Strategy: Techniques for Analysing Industries and*

Competitors[①]。在他看来，产生强大竞争力的方式有 3 种，如图 6-6 所示。

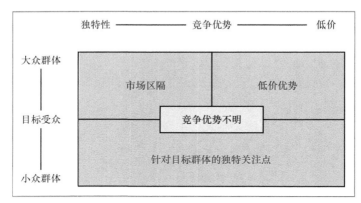

图 6-6　市场竞争分析模型

- 低价：降低成本，利用低廉的价格吸引用户。

- 区隔：提供独特的产品或服务价值使产品区隔于其他产品，从而吸引用户。

- 特定用户群体：关注一个或几个特定用户群体，最终可以通过低价，也可以通过提供独特价值来吸引特定用户群体。

关于用户体验研究如何在这个阶段产生影响力，我的建议是从"用户体验要素"的 4 个维度，把你的产品与竞品进行对比分析。竞品分析模板如图 6-7 所示。

- 界面：包括界面的图标、排版、色彩等。

- 交互：包括用户流程的设计、界面之间的交互效果。

- 内容：包括信息内容和形式，考察的范围包括内容是否符合用户需求、表达方式是否清晰、语言调性是否符合网站的整体策略。

- 需求：满足了哪些用户需求，需求场景有哪些。

① 　Porter, M. Competitive Strategy: Techniques for Analysing Industries and Competitors. The Free Press. 1998.

图 6-7　竞品分析模板

6.2.2　创新途径

创新是什么？韦氏字典对创新的定义是：新的想法、策略或方法，以及能带来新想法、策略或方法的行为或过程。

那么创新是创造出新的不同的东西吗？是更好的东西吗？是我们更愿意接受的东西吗？似乎是，但似乎也不全是。克莱顿·克里斯坦森在《创新者的窘境》[1]中指出，创新也可以分为不同种类的创新方式，如分为可持续性创新（Sustaining Innvation）和颠覆式创新（Disruptive Innovation）。

可持续性创新比较好理解，就是通过不断提升、强化和迭代来维持市场领导地位。因此用户体验研究在可持续性创新的过程中研究的更多的是我们在第 2 章　用户体验研究

① Christensen, C. M. The innovator's dilemma: When new technologies cause great firms to fail. Boston, Mass: Harvard Business School Press. 1997.

的基础方法与技能中提到的生成型研究和评估型研究。而颠覆式创新则通常是通过新技术、新商业模式或者小众市场的独特需求，而出现颠覆式的创新，这时候我们更需要进行的则是探索型研究。

我们如果从 IDEO 提出的以用户为中心的设计三要素模型[1]来看，如图 6-8 所示，创新途径可以来自以下几个方面，或开始于其中某一个方面。

- 用户需求：发现用户需求，并通过具有创造性或高品质的方式来实现该需求。

- 技术可能性：不断突破技术边界，在技术层面上实现可能性。

- 商业可行性：发现商业计划，让创新想法变得可行。

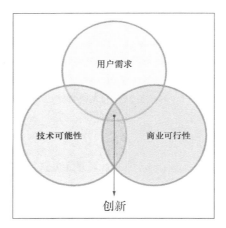

图 6-8   以用户为中心的设计三要素模型

对于这个创新模型，不同企业进入创新领域的渠道可能不一样。

- 以技术为切入点的创新模式：例如，谷歌公司先实现了搜索的技术可行性，然后找到用户的需求，最后才通过广告模式盈利。

- 以用户需求为切入点的创新模式：例如，苹果公司首先考虑的是用户体验，然

① IDEO. The Three Lenses of Human-Centered Design Model.

后考虑是否能够具备盈利能力，最后倒推技术去实现这样的产品设计。

● 以市场竞争环境或蓝海机遇为切入点的创新模式：例如，当特斯拉考虑进入电动车领域的时候，市场中并没有已占领消费者心智的强势品牌。

关于用户体验研究如何在这个阶段产生影响力，对比这 3 个维度，可以发现用户体验研究在用户需求层面上具有无法取代的独特价值，这也是为什么我们说用户体验研究的核心是对用户需求的研究。

6.2.3　商业模型

在商业模型这部分里，我们常用的是来自 Strategyzer 创建的商业模型画布（The Business Model Canvas）[1]，如图 6-9 所示。用户研究在这个阶段中提供的价值点在于能够提供现有用户人群和潜在人群的画像，帮助定义商业策略中的顾客人群（Customer Segment）和价值主张（Value Proposition）。

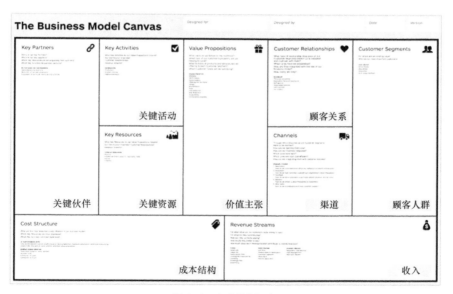

图 6-9　商业模型画布

---

① Business Model Canvas, designed by Stratgyzer AG, the makers of Business Model Generation and Strategyzer.

6.3   设计与研究策略

前面介绍了用户体验研究在商业策略中的应用,接下来要介绍的是更为大家所熟悉的用户体验研究在设计领域的应用。因为当我们确定了用户或顾客人群,以及产品的价值主张后,接下来要做的自然是把这些洞察运用到设计中。而说到设计与研究的结合,则不得不提到我们耳熟能详的设计思维流程。以下是设计思维的 5 个基本步骤,如图 6-10所示。

图 6-10   设计思维模型

- 共情(Empathize):对用户需求、场景及用户痛点进行深度的理解。

- 定义(Define):将用户需求、场景、痛点转换为待解决的问题,并对问题进行清晰的界定。

- 发想(Ideate):针对问题的解决方案,通过头脑风暴的形式进行思维的发散与聚拢。

- 原型(Prototype):为最后选择的一个或多个解决方案提供一个或多个设计原型。

- 测试(Test):邀请产品的真实用户测试产品原型,了解方案是否能够满足用户需求、解决用户痛点,以及方案还有哪些可以改进的地方。

6.3.1　共情

设计思维的第一步就是通过共情对目前面临的问题或挑战进行深度的理解。产生深度理解的方式有以下几点。

- 咨询该领域的专家，向他们了解目前面临的挑战。在此过程中，可以使用用户访谈、焦点小组等调研方法。

- 了解真实用户的使用动机和体验。在此过程中，可以使用的调研方法包括用户访谈、情境访谈、日记调研等。

- 把自己当作产品的用户，沉浸到真实的产品使用情境中。

共情是以用户为中心的设计流程中的重要环节，因为它能够让设计师暂时放下自己对于一些假设的执念，而真正地从用户需求出发进行设计。

6.3.2　定义

在问题定义阶段，我们需要把通过共情阶段获取的信息进行分析和综合，这样才能把前一阶段的观察转化为对问题核心的定义。定义问题的关键一步就是写出既具备深刻洞见又能扎实落地的问题陈述（Problem Statement），这样才能帮助设计师解决陈述的问题。

关于数据的分析与综合过程中可以运用的方法，如共情图、亲和图、体验地图等我们已经在第 5 章　结论的沟通与落地的 5.1 节中进行了具体的描述，这里我们重点说说如何写出一个清晰的问题陈述。一个合格的问题陈述应该具备以下特征。

- 以用户为中心：这就要求在进行问题陈述时应该是针对一个特定的用户群体或他们的某一特定需求，而非专注于某一技术、投资回报或产品细节。

- 足够宽泛以不失创意自由度：问题陈述不应该拘泥于技术实现手段，因为这样会限制团队探索解决方法的不同可能性。

● 足够聚焦以保证可落地性：问题陈述不应该太过于宽泛而让团队感到空洞无物或不现实，好的问题陈述应具有恰到好处的限制以确保项目的管控度。

那么"问题陈述"应该怎么写呢？以下提供一个我常用的模板供大家参考。

当 A [某一用户群体] 需要 B [做某件事或得到某种结果] 时，他们需要 C [现在的产品解决方案]。但这种方案并不能很好（或最好）地解决问题，因为 D [现有方案的问题]。因此，我们的愿景是 [产品的某个问题被解决]。

在这个模板中，我们可以发现以下几个关键要素是用户体验研究可以提供支持的。

● A：用户群体。

● B：对应需求及场景。

● C：现有产品的解决方案。

● D：产品具有现有局限的原因。

针对以上 A、B、C、D 这 4 个信息需求点，如果此时用户体验研究能够提供现有用户画像，则可以在问题陈述阶段提供很好的支持。

6.3.3　发想

在经历了以上两个阶段后，或许团队已经对需要解决的问题有了足够的认知，所以这个阶段是时候让创意的火花飞溅了。创意发想的手段有很多种，常见的有头脑风暴和 SCAMPER[①]。

关于头脑风暴，大家可以参考第 5 章　结论的沟通与落地 5.3 节中提供的头脑风暴模板。但 SCAMPER 具体指的是什么呢？它实际上是以下这几个单词的缩写。

---

① Eberle, Bob. Scamper: Games for Imagination Development. Prufrock Press Inc. ISBN 978-1-882664-24-5. 1996.

- S（Substitute）：替代。我们可以做哪些事情来替代或者改变我们现有的产品？

- C（Combine）：结合。我们可以结合产品、流程中的哪几个部分？

- A（Adapt）：适应。产品的哪一个或哪几个部分可以进行适应性调整？

- M（Modify）：修改。我们可以增加、减少、强化、弱化产品的哪些部分、流程？

- P（Put to another use）：其他用途。我们的产品还有哪些新的使用方式？如果进行适度修改，还有哪些其他的潜在用户群体？还能进军其他国家的市场吗？

- E（Eliminate）：减少。我们还可以减少或简化产品、设计、流程或服务吗？如果继续减少或简化会产生哪些可能的结果？

- R（Rearrange）：重新排布。是否可以通过改变顺序、调换顺序、变化节奏或排期来对产品进行重新排布吗？

6.3.4 原型

原型是对一个产品的可视化呈现，主要传达一个产品的信息架构、内容、功能和交互方式。原型具有快速创建、聚焦易用性、修改成本低等不可取代的优势。原型创作的目的是根据共情、定义、发想阶段产出的解决方案，快速搭建可供测试的产品功能和内容示意，在产品概念阶段快速获得用户反馈。

目前，互联网公司常用的原型工具除了 Sketch、InVision 之外还有 Figma。InVision 界面如图 6-11 所示，Figma 界面如图 6-12 所示。技术总是不断演进，工具总是不断更新，关于具体使用哪种工具能够更好地搭建产品原型原本就没有固定答案，这也不是这本书的重点。但有一个我想传达的理念，那就是尽量在产品概念初期就对原型进行测试。这样能够及早地发现产品方案是否能够满足用户需求。

图 6-11   InVision 界面[1]

图 6-12   Figma 界面[2]

---

① 图片来自 InVision 官方网站。
② 图片来自 Figma 官方网站。

6.3.5 测试

测试并非设计思维流程中的最后一步,因为整个设计思维流程是一个不断迭代的过程。图 6-13 所示的内容中,通过测试获得的结果往往又会被应用到定义的环节中,去重新定义有待解决的问题;或被应用到发想环节中,去帮助团队产生新的产品解决方案;或者通过测试,我们对用户需求产生了更深刻的理解,能够更好地与他们的思考、行为、感受共情。

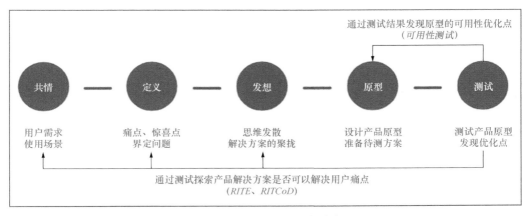

图 6-13 设计思维的非线性特性

该测试阶段所需要的研究属于在本书第 2 章 用户体验研究的基础方法与技能 2.1 节中提及的"定性研究"和"生成型研究",所采用的调研方法,可以参考第 2 章 用户体验研究的基础方法与技能 2.2.3 小节中的纸质原型测试和 2.2.5 小节。

6.4 流程策略

6.4.1 通过设计系统提升效率

什么是设计系统?设计系统是一套对于如何为特定品牌或产品进行设计,以提升设计一致性和效率而形成的理论。一套设计系统一般包括以下元素。

- 设计原则解释了一个设计系统的目标以及该目标背后的原因。例如，以下是谷歌公司的 Material Design 设计原则中核心的几点。

  ○ 材料是一个隐喻（Material Is A Metophor）。Material Design 的灵感来自物理世界和它的质感，包括光线的反射和阴影的投射。材料的表面是对纸张、墨水作为介质的重新想象。

  ○ 让动态具有意义（Motion Provides Meaning）。动态通过细微的反馈和内在的过渡能够聚焦关注度并保持连续性。作为出现在屏幕上的要素，他们可以让用户意识到环境的变化。

  ○ 加粗、图形化，带有意图（Bold、Graphic、Intentional）。字体、网格、空间、大小、颜色和图形能让层次分明、创造出意义、聚焦关注点，以及创造出浸入感。

- 设计规范为设计师如何设计提供了指导和例子。几乎所有大型互联网公司都有属于自己的设计规范，例如苹果公司有 iOS HIG、谷歌公司有 Material Design、微软公司有 Fluent Design System。以苹果公司的设计规范为例，它包括完整性、一致性、直接操作原则、隐喻、给用户控制感等几个核心要素。

- 设计标准是关于更为具体的、设计师在进行设计时必须遵守的设计规则，以实现设计的一致性，例如字体的大小、色彩的具体规范等。

- 设计元素包括一些设计组件和前端的代码等，能够更好地提高设计效率。

6.4.2　敏捷开发与用户体验策略

介绍完用户体验研究与商业策略、体验设计之间的关系，接下来讲解本章开头提到的用户体验设计作为一个整体，与**敏捷开发（Agile）**之间的关系。要解释清楚用户体验与敏捷开发之间错综复杂的关系，就不得不从 20 世纪 90 年代，他们开始相伴相依说起。

用户体验设计

最初的用户体验设计是基于**瀑布流开发（Waterfull）**流程的。对于基于瀑布流开发流程的产品团队而言，在开始产品原型设计前，他们通常都会把产品设计开发过程中所涉及的用户需求都研究透彻。毕竟一旦进入设计，紧接着就是开发、测试、上线。可想而知那个年代，产品需求文档，即老一代产品人口中的 PRD（Product Requirement Document）是多么神圣不可侵犯。因为 PRD 的评审一旦通过，接下来就几乎没有回头路了。

瀑布流开发流程

瀑布流开发流程把产品开发项目中的环节分解为线性的、具有先后顺序的不同阶段：需求、设计、实现、验证、维护。每一个阶段都依赖于上一阶段的产出。由于瀑布流在整个开发过程中没有对用户反馈的采纳环节，因此非常容易不适应变化的用户需求。瀑布流开发流程如图 6-14 所示。

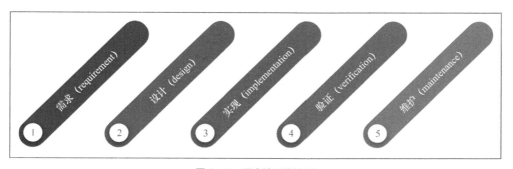

图 6-14　瀑布流开发流程

如果你曾经也是人机交互（Humen-Computer Interaction）专业的学生，或许你在大学中学到的用户体验设计流程（User Experience Design）也是基于瀑布流开发流程的。传统的用户体验设计，也就是我们以上提到的用户体验设计流程一般包括以下步骤。

- 通过研究发现产品问题。

- 创建用户画像和产品体验地图，以归类产品问题的场景和在使用流程中的位置。

- 通过设计发想创造解决方案。

- 创建和测试产品原型。

- 根据最终确定的产品原型进行产品开发。

- 发布产品。

- 根据用户反馈进行产品优化。（返回第一步，进行下一轮的产品研究。）

也正是由于用户体验设计流程是基于瀑布流开发流程的，因此它看起来和敏捷开发并不合拍。但这并不是我在本章一开头就说自己与敏捷开发属于"包办婚姻"的主要原因。我想我们的不合拍更多源于对彼此的不了解。这也是为什么在接下来的篇幅中，我希望详述敏捷开发与精益用户体验（Lean UX）。

敏捷开发

随着产品迭代需求的不断加快，速度和灵活度逐渐取代了精准和可预测性，成了关键竞争优势。于是敏捷开发也就应运而生。

敏捷开发

敏捷开发专注于快速迭代，通常一个产出周期是 2 ～ 4 周，而产品的功能也是渐进式的完善，而非一次性的产出。产品的开发也是基于假设、实验、快速产出、及时测量这样一个循环周期的。

在敏捷开发的字典里，没有"完美"这个词，因为"完成"永远是驱动开发的不竭动力。于是可想而知，当产品迭代速度是 2 ～ 4 周时，用户体验设计成为了敏捷开发的瓶颈，更不要提更耗时间的用户体验研究项目了。面对这样的瓶颈，许多初创型企业选择放弃用户体验设计环节，而采用更加简单的"美工"来完成产品的界面设计。一些大型互联网企业选择绕开用户体验设计部，在事业部内部的产品开发团队内雇用设计师来完成一些更适应快速迭代的设计。

精益用户体验

精益用户体验应该是杰夫·戈塞尔夫对于用户体验设计在敏捷开发时代所做的划时代创举了。在《精益用户体验》这本书里，他叙述了一系列帮助团队达成一致、形成策略的行动指南，以帮助用户体验设计师在敏捷团队的不确定性和快速迭代的环境下依旧能够听取用户反馈并进行优化设计。

精益用户体验

精益用户体验的核心是在产品开发尽早的阶段获取用户反馈，以确保产品是符合用户需要的。精益用户体验实现的主要目标是尽快地输出设计或产品。在精益用户体验的流程中，首先产出的是最小可行性产品（MVP，Minimum Viable Product），然后通过实验和测试确保产品的可用性和下一轮迭代的优化点。所以在精益用户体验流程中，产品的用户体验设计是通过不断迭代进行打磨的。

与传统用户体验关注的是可交付成果（Deliverables）不同，精益用户体验关注的是产出（Outcomes），因为产出的目的是通过产出搜集用户反馈，进而在产出的结果上不断优化。此外，传统用户体验的设计依据是需求（Requirement），而精益用户体验的设计依据是问题陈述，通过问题陈述可以产出一系列的假定（Assumptions），为后续的实验假设（Hypothesis）提供参考。如 6.3.2 小节中所述，要产生问题陈述则需要进行前期的用户体验研究，研究的主要内容包括以下几点。

- 用户群体。

- 对应需求及场景。

- 现有产品的局限。

图 6-15 所示的内容能够很好地解释设计思维、精益用户体验和敏捷开发之间的关系。

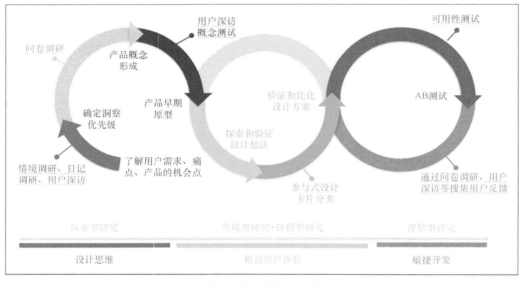

图 6-15　设计思维、精益用户体验和敏捷开发之间的关系

看完图 6-15 后，你是否想到解决敏捷开发流程下的用户体验方案了呢？我想方案不止一个，其中一个经典的方案就是由马蒂·凯尔提出的双轨敏捷开发（Dual-Track Agile）[1]。

双轨敏捷开发

双轨敏捷开发流程建议每一个产品团队都建立两套产品需求池（Backlog），一套来

---

[1]　Cagan, M. Dual-Track Agile. SVPG Silicon Valley Product Group. 2012.

自探索团队（Discovery Track），而另一套则来自交付团队（Delivery Track）。探索团队的成员负责进行用户需求研究、原型设计与可用性测试。当想法通过测试可以进行开发和线上测试时，则将想法交付给交付团队的成员。

看到这里，你可能要说这不是瀑布流开发流程吗？这也是此处要重点说明的。与瀑布流开发流程不同的是，双轨敏捷开发流程是非线性的，而且两个团队的成员也存在重合，例如一个产品经理既可以参与到探索团队，也可以参与到交付团队。图6-16所示的内容清晰地表明了双轨敏捷开发具体是如何运作的。

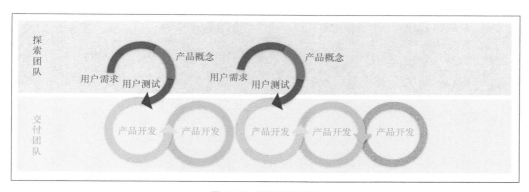

图 6-16　双轨敏捷开发

双轨敏捷开发面临的另外一个挑战是：团队成员可能不具备进行探索型用户研究的专业技能。通常情况下，团队中的产品经理及设计师可以从事对产品战术层面有影响的生成和评估型研究，但对产品战略层面有影响力的探索型研究，还需要用户体验研究员的参与。这也是我们时常提到的，用户研究员应该积极定位自己在产品团队中的作用：主动主持调研难度大、复杂程度高、产品战略影响力大的与用户需求、市场趋势相关的探索型调研项目。

看到这里，或许你已经被以上各种名词搞得头晕目眩，我现在能做的最坏的事情无疑是再引入另外一个概念，让你感觉更糟。如果这是你现在的心情，建议你跳过我即将介绍的敏捷用户体验（Agile UX），先把前面的内容梳理清楚，然后应用到日常的工作中即可。但如果你和我一样，即便强忍头痛也要看完所有内容，那么就请再忍耐一下，让我们看看敏捷用户体验到底是什么。

敏捷用户体验

事实上敏捷用户体验并不是一个区别于精益用户体验的全新的概念，它们都是服务于敏捷开发流程的用户体验设计理念，但也有不同点，它们的不同点如下所述。

- 精益用户体验以用户体验为核心，关注的是产品与用户需求的契合程度。因此在精益用户体验的理念下，团队会产出不同版本的原型进行测试或实验，以打造最符合用户需求的产品。

- 敏捷用户体验关注的核心是团队成员之间的沟通、开发产出中的效率。在敏捷用户体验的理念下，团队关注的是如何集中精力，高效地完成一个产品。

在敏捷用户体验团队中，成员之间的沟通比流程、文档更重要，这也解释了为什么这些年来一些像 InVision 和 Figma 一样鼓励产品团队在工作文档中完成协作沟通的设计软件越来越流行。这样的理念也要求用户体验研究员能够更好地嵌入产品团队去工作，而非让用户体验研究员只是为团队提供专案服务。

最后，把我们先前总结的用户体验设计、精益用户体验、敏捷用户体验进行一个小结，小结内容如下（如图 6-17 所示）。

- 用户体验设计：在流程一开始就全面地研究用户需求和商业可行性，专注于为产品本身或其在商业市场上增加独特价值。

- 精益用户体验：注重产品团队的自主权和创意性，通过快速迭代积极获取用户反馈从而实现产品的不断优化，专注于提升产品终端用户的体验。

- 敏捷用户体验：以设计师、程序员之间的协作为中心，专注于让用户体验设计适应敏捷开发流程。

如果你还有兴趣再多了解一点，我不得不再啰唆地说一句，源自 Google Venture 的设计冲刺（Design Sprint）事实上是一种把设计思考、敏捷用户体验和精益用户体验相结合的方法。市面上关于设计冲刺的资料有很多，在这里我只是粗浅提及。如果大家感兴趣如何在工作上运用设计冲刺进行产品设计和研发，可以在网上找到很多相关内容进行学习。

图 6-17　用户体验设计、精益用户体验、敏捷用户体验

本章小结

随着技术的发展，新的设计和研究工具都在不断地完善，在勤于思考的用户体验从业者中也出现了一种声音——"用户体验黄金时代已过"，提醒着像你我一样的从业者们在新时代中不断反思与进取。从用户体验到用户体验策略，无疑要求我们站在一个更宏观的层面重新审视与用户体验相关的各个方面，而这便是我写本章的要旨。

第 7 章

搞定用户体验研究员面试

"你首先要了解游戏规则，然后才能做得比其他人出色。"

——爱因斯坦

　　我想能够看到这一章的你或许对用户体验研究这个行业有一定的兴趣，正考虑找一份相关的工作。如果是这种情况，我希望你已经看过本书的第 1 章，再一次确定自己对这一行所从事的工作内容是感兴趣的，并确定自己具备从事这个职业所应具备的相关能力。因为本章内容更多的是对获得这份工作的"招数"的总结和归纳。

　　也有可能你已经是我的同行，因为当下工作的种种问题，又或者因为想要接受新的工作挑战，所以正准备跳槽，于是需要准备新工作的面试。如果是这个原因，你可以略读 7.1 节，因为相信你已经对用户体验研究员这份职业的面试有一定的了解，但要重点阅读 7.2 节，因为这一节的内容国内外大型互联网公司在招聘用户体验研究员这一职位时经常提出的面试问题。

7.1　面试的轮次与考察重点

　　面试轮次与考察重点如图 7-1 所示。

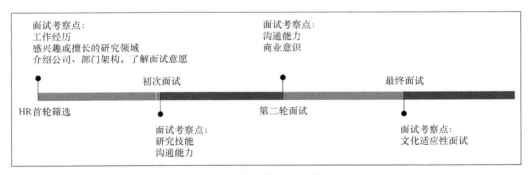

图 7-1　面试轮次与考察重点

　　一般从简历被选中到最终确定入选，会经历 3 ～ 4 轮面试，而且每一轮面试都会有不同的考察重点。接下来将依次介绍这些轮次，以及每一轮侧重考察应聘者哪些方面的能力。

7.1.1 HR 首轮筛选

当HR（人力资源部）在看到应聘者的简历，并认为该应聘者符合团队的招聘条件后，通常都会联络应聘者，并邀约应聘者进行一次电话沟通。进行电话沟通时，HR 会再次让应聘者简单介绍一下自己的工作经历，以及感兴趣或擅长的研究领域。例如，如果团队需要招募的是具有 3 ～ 4 年工作经验的用户体验研究员，那么 HR 在筛选简历时除了会注意应聘者的相关经验外，还会在电话中了解应聘者是否符合条件。又或者如果团队需要招募的是具有一定定量研究背景的用户体验研究员，而应聘者在简历中并没有突出这方面的独特专长时，HR 则会通过电话进行沟通，了解应聘者是否在定量研究方面有一定经验。

此外，HR 也会向应聘者介绍用人公司的业务方向、用人团队的研究领域、大体组织架构，帮助应聘者确认自己是否有意愿进入下一轮面试。如果联系你的 HR 并没有向你提及这些方面的内容，你也可以主动向 HR 提问以了解这些内容。你在这一阶段越主动提问，HR 越会觉得你有意愿在通过面试后接受工作 offer，于是 HR 也越有意愿去推进下一步的面试安排。在了解完这些内容后，如果 HR 认为你是合适的应聘者，那么 HR 会向你介绍下一步的面试流程，以及在下一步面试中你需要准备哪些东西。

7.1.2 初次面试

如果你应聘的是一家海外公司，或者是一家不在你目前居住所在地的公司，那么初次面试（简称初试或一面）都是通过电话面试的方式进行的。不过越来越多的公司也开始将电话面试改为视频面试，因为在应聘者与面试者能够看到彼此表情的情况下，沟通会更加顺畅一些。

初试开始一般都会有两位面试官，以确保给应聘者的评分更加客观。在面试结束后，两位面试官会进行一次讨论，并各自对应聘者给出自己的评分。那么他们的评分标准是什么？这一轮面试具体考察的又是什么呢？

如果你看过本书的第 1 章 什么是用户体验研究，或许你还记得我提过的专业素质 3C：Craft、Communication、Commercial Awareness。因为时间有限，初试一般是 45 ～ 60 分钟，其中还包括应聘者的提问，因此这一阶段重点考察的是前 2 个 C，即 Craft 和 Communication。那么在这一轮面试中是如何考察研究技能（Craft）和沟通能力（Communication）的呢？

以我自己参加面试及作为面试官的经历来说，通常第一部分会首先请应聘者介绍一个自己曾经做过的研究案例，然后面试官根据应聘者所陈述的案例提出相关问题。这些问题会集中在以下几个方面。

- 为什么采用这个研究方法？

- 如何确定样本量？

- 如果是定性研究，如何确定招募标准？

- 此次研究的影响力如何？

- 如果这个项目可以重来一次，你会在哪些方面进行改进？

- 你为什么会选择介绍这个研究项目？

- 这个项目最大的挑战是什么？你是如何克服的？

第二部分中，面试官会随机给一个商业案例，并要求面试者根据这个商业案例所提供的背景信息，如商业目标、产品问题，提出合理的研究规划。在这一部分中，面试官通常会考察应聘者以下方面的能力。

- 提问沟通能力。在接到这个商业案例时，不要直接给予你的回答。作为应聘者，你可以为自己争取一些思考的时间，同时反问面试官你对这个商业案例需要了解的相关信息，以帮助你去界定所要解决的研究问题。提问能力也是沟通能力中重要一环。

- 逻辑思考能力。面对一个研究问题，面试官最关心的是应聘者是否能够逻辑严密地去分析问题，并提出具有整体性的研究规划。

● 专业能力。这一阶段的专业能力体现在你面对这个商业案例所涉及的研究问题时，你会选择什么样的研究方法，并能够合理阐述为什么使用这种研究方法，以及你是否清楚知道各种研究方法的区别和利弊。

7.1.3 第二轮面试

如果你通过了初试，你所应聘的公司通常会邀请你到他们公司进行面对面的第二轮面试（简称二面）。不过相对来说，二面也会更有压力，因为压力测试本来就是二面的一个重要环节。

与一面不同，二面的时间比较长，通常会有 1 ~ 2 小时，也正是因为这样，二面同时也是对于你如何应对压力、疲惫的一次考验。有时候最终面试还会被直接安排在二面之后，于是你有可能要在一间小小的会议室里待上 2 ~ 3 小时。吃一个丰盛的早餐或者午餐再去参加二面或许是我能给你的建议之一，不过除此之外，确保你不会犯困也很重要。

因为二面通常是面对面的沟通，因此沟通能力往往是用人公司在这一轮重点考察的能力。他们往往会看你在现场是否善于表达、善于倾听，还会通过提问了解你在曾经的工作经历中的沟通能力如何。除此之外，商业意识也会是二面重点考察的部分。

二面之前，很多用人公司会给你出一道题目，要求你在面试之前完成，并在二面时用 15 ~ 20 分钟的时间向面试官们陈述自己的研究规划。也许这与一面的"商业案例"部分有些类似，但因为一面给予应聘者的准备时间比较少，所以考察侧重于研究方法本身，即我在上文提到的，是否应用了正确的研究方法。二面中的"商业案例"因为给了面试者足够的准备时间，所以考察的不仅是研究方法层面的专业能力，更重要的是考察你在解决一个研究问题时，如何紧扣商业目标、合理管控研究周期，并有效推动研究结论的落地执行，也就是我们先前提到的商业意识。

除了要求你陈述一个商业案例外，二面中的面试官还有可能根据你简历中提及的相关项目，随机提出一到两个他们感兴趣的项目，并让你简单陈述这个项目从研究背景、研究方法、研究执行，以及结论落地的每一个环节。与一面不同，在这一轮的面试中，重点是在接下来的提问环节中，给你一些比较"为难"的现实问题，让你回答当面对这样的情境时你会如何处理，以此来考察应聘者的沟通应对能力。以下为一些比较"为难"的现实问题。

- 如果你的产品经理要你在 2 周内完成这个研究，你会怎么办？

- 如果你的研究洞察没有被采用，你会怎么办？

- 如果你的研究项目有多个利益相关团队，你怎么确保他们都认可你的研究方案？

- 如果你的产品团队质疑你的研究结论的可信度，你会如何回应？

总而言之，二面是在一面的基础上，测试应聘者的综合能力，即除了沟通能力、商业意识及专业技能之外，还有抗压能力、应变能力。

7.1.4　最终面试

最终面试一般是文化适应性面试，以考察应聘者的价值观和行为方式是否符合公司的文化。面试的内容并不会因为岗位不同有很大差异，更多地反映了一家公司所推崇的价值取向，因此这一轮面试会因为公司不同而差异很大。以下我总结了一些比较常见的问题供大家参考。

- 在什么样的工作环境下你的效率是最高的？

- 如果你的同事不愿听取你的意见，你会如何处理？

- 你喜欢独自完成一个项目，还是合作完成？为什么？

- 你为什么会选择申请我们公司？

- 请说一个你最近在工作中面临的最大的挑战，并说明你是如何处理的。

- 你工作中面临的最大的压力是什么？你是如何应对的？

- 你对这个岗位有热情吗？如果有，请说明为什么。

- 你理想的工作时间是怎么样的？

- 你对自己的职业规划是如何设想的？你认为这份工作与你的职业规划契合吗？

和前两轮考察专业技能的面试不同，文化适应度面试的问题其实并没有对错之分，更多的还是应聘者要诚实地回答面试官提出的问题，以帮助双方了解真实的彼此。对于这一面试环节，我唯一的建议就是展现真实的自己，即便被问到一些例如面临的工作压力等敏感话题，也要真实地说出自己面对的挑战，甚至是诚实地承认自己的不足，并分享自己未来希望提升的成长领域等。

7.2　面试问题分类

以下是我根据研究技能、沟通能力、商业意识3个维度（如图7-2所示），对自己和行业内同事所遇到过的国内外大型互联网公司的面试问题进行的分门别类的整理。

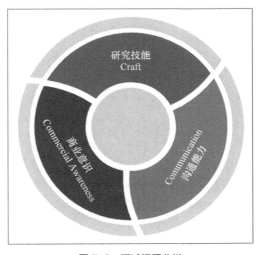

图 7-2　面试问题分类

7.2.1   研究技能

对研究方法的选择和理解

- 假设你的团队有多个界面设计方案，他们想知道哪个是最优的设计方案。你会如何进行研究？

- 假设你产品团队的工程师想知道为什么用户愿意或不愿意使用某一功能，因此他们准备设计一个由封闭式问题所组成的问卷。你会怎么做？

- 用户画像的缺点是什么？你认为应该如何克服这些困难？

- 用户画像和市场细分有什么区别？

- 你会如何为一款产品选择用户体验测量指标？

- 如果团队需要你帮助他们找到创新且有意义的测量用户对内容"参与度"的方式，你会如何开始这项研究？

- 假设你正参与一款软件的新设计项目，团队准备为新设计进行一项研究。请描述你将如何进行研究设计。

- 如果你有一个新产品或者产品概念需要测试，这时你会如何进行研究方案的设计？请详述你的研究设计步骤。

- 选择一款你最喜欢的 App，并描述你会如何评价这款 App。

- 试想一款你喜欢使用的 App，如果这款 App 的产品经理希望你帮他们找到最重要的 10 个可用性问题。你会如何进行这项研究？

如何确定样本量

- 如果有人质疑可用性测试的价值，你会怎么办？

- 如果你提出了一个可用性测试，但你产品团队的工程师对你说："从我们百万级的用户数据中我们并没有看到这个问题。"此时，你会如何回答？
- 如果有人对你说你的问卷或用户访谈需要更大的样本量。你会如何回答？

研究结果的影响力

- 你如何知道你的研究结论是否具有影响力？
- 你能否例举一个你在最近项目中发现的有趣的洞察？

自我成长

- 作为一名用户体验研究员，你最棒的一项技能是什么？你会给想要做这个职业的人什么样的建议？
- 你偏好的研究方法是什么？你擅长的研究方法有哪些？
- 作为一名用户体验研究员，能否例举一个你做过的最艰难的决定？
- 你的经理或客户曾提过的你最大的缺点是什么？
- 你认为你教育经历中的哪一段经历对你胜任这一个职位有所帮助？

7.2.2 商业意识

- 请进行一个研究提案，并说明为什么这个研究对我们公司是有帮助的，而对你个人而言也是有意义的？
- 请提案一个新产品，并描述你会如何进行研究。
- 请例举一个竞品在产品功能或者界面设计方面比我们公司产品做得更好的地方，并说明为什么。

- 在你看来我们产品还有哪些方面可以提升？

- 你认为我们产品的用户体验可以如何提升？

- 你为什么想为我们公司工作？你希望未来从事哪些类型的用户体验的研究工作？

7.2.3　沟通能力

- 你如何把调研结论分享给不同的利益相关者？

- 如果产品团队中有人强烈提出某一功能需要被设计出来，但是你认为那样对用户体验会有负面影响。你会如何应对这种情况？

- 你如何说服你的团队跟随你提出的方向？

- 如果团队不同意你的意见，你会怎么做？

本章小结

关于以上总结的面试问题，我并没有给出具体答案，因为这些问题本身并没有标准答案可言。关于参考答案，我都在本书的不同章节中进行了详细阐述。

- 对研究方法的选择和理解：重点参考第 2 章　用户体验研究的基础方法与技能。

- 如何确定样本量：请查询第 3 章　研究计划中的 3.5 节。

- 研究结果的影响力：参考我在第 5 章　结论的沟通与落地中叙述的如何通过综合分析、形成假设、创建解决方案这 3 步来具体提升研究结果在项目团队中的影响力。

- 自我成长：参考我在第 1 章　什么是用户体验研究的 1.3 节中从专业素质到个人素养进行的多个维度的探讨。

- 商业意识：参考第 6 章　用户体验策略探讨的用户体验应该如何与商业策略、技术开发流程相结合。

- 沟通能力：参考第 8 章　胜任用户体验研究工作的第一个 30 天中详细步骤的说明，同时也可参考第 1 章　什么是用户体验研究、第 5 章　结论的沟通与落地相关的部分。

第 8 章

胜任用户体验研究工作的第一个 30 天

"作为用户体验研究员，你要像牡蛎中的一颗沙子。就像沙子会刺激牡蛎最终形成珍珠，用户研究员应该不断找到并提出能够帮助产品提升的问题。"

——*Think Like a UX Researcher* 作者　戴维·特拉维斯和菲利浦·霍奇森

不知道你有没有这样的体验，开车走在路上，如果第一个交通灯你碰上了绿灯，接下来很大可能你会一路碰到绿灯。但如果你遇到的第一个交通灯是红灯，接下来可能会连连遇到红灯。我的初中数学老师对这个现象的解释是：这是一个故意而为之的设计，为的是确保一部分人不会迟到，而代价是牺牲那些可能已经迟到了的人。或许他初中3年说的所有数学公式我都早已忘得一干二净，唯有这个例子，一直激励我不断努力去赶上人生中的每一个绿灯。但人的一生，谁又能确保赶上每一个绿灯呢，因此即便没有赶上某一个绿灯也没有关系，下一个交通灯前尽早赶到，然后重新设置自己的节奏就可以了。

今年是我从事用户体验研究工作的第8年。回顾这8年，我在3家不同的公司工作过，有中国的互联网企业（百度和京东），也有位于荷兰的美国公司（缤客网）。如果有人问我最想给新人研究员的一个建议是什么，那我肯定会说："确保你在接手新工作之初就有一个走向成功的初始设置。"这个规律近乎适用于我待过的每一家公司，而我自己也因为没有做好初始设置而走了很多弯路，因此在为本书画上句点前，我坚持写了本章节，帮助大家把握住职场开端的第一个绿灯，并确保之后的前进道路上能够顺利。用户研究工作的第一个30天的每周规划如图8-1所示。

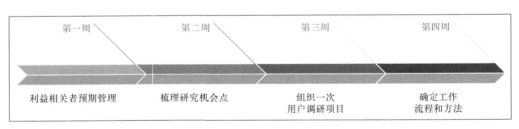

图 8-1　用户研究工作的第一个 30 天的每周规划

8.1　第一周：利益相关者预期管理

作为用户体验研究员，你所面对的利益相关者往往涉及整个部门的各种角色，如产品经理、产品设计师、市场运营、数据分析师等。而你的工作很多时候是把这些角色凝聚到一起，通过协作和讨论形成以用户为中心的体验设计。而把这些角色凝聚到一起的最好方式就是让他们都参与到用户体验研究项目中来，通过观察用户访谈、工作坊等形式，为大家提供协作的平台与契机。这也是我为什么会提出用户体验研究员应该从支持者走向连接者[①]。

因此如果你刚刚接手这份工作，那么你的第一个任务就是花时间去了解你的部门都有哪些角色、他们是如何工作的、他们在工作中会经常遇到哪些问题、你可以从哪些方面去帮助他们。此外，通过了解他们，你也要让大家能够有机会了解你有哪些技能，了解你可以在哪些问题上、什么情况下，帮助他们更好地完成工作。总的来说，就是让你的利益相关者对你日后的工作范围设立正确的预期。

因此，第一周的任务便是从事你的老本行——用户访谈，而这里所说的用户则是你工作中会涉及的所有利益相关者。我个人的建议是不要让这些访谈显得过于正式，否则你的利益相关者会对接受访谈感到压力，而你被拒绝的概率也就比较高了。你可以轻松地邀请他们喝一杯咖啡，或者在公司茶水间简单地攀谈，这样不仅能够获得你所需要的信息，而且与新同事的距离也拉近了。其实在我的日常工作中，我也经常被新同事邀请"喝咖啡"，一般以这种方式被邀请时我都会轻松赴约。但有一种形式我个人是有些反感的，那就是对方预定了某个会议室的一整天，然后让所有他或她想访谈的同事都排着队一个接一个地进入这个会议室与其交流。这让我感觉自己像流水线上的某个待拧的螺丝钉，而不是一个活生生的人。不过不管怎样，相信作为用户体验研究员的你一定会选择一个最适合你自己的访谈方式。

关于访谈的内容，你大致需要了解的是以下信息。

- 背景、项目目标、核心考核指标
  - 了解利益相关者个人及所在团队现在专注的项目或者话题是什么？

---

① IxDC 用户体验大会工作坊.《从支持者到连接者：基于参与式设计的用户研究角色重构》。

- ○ 需要达成的目标是什么？

- ○ 达成目标的时间规划是怎么样的？目前的实现度如何？

- ○ 目前团队面对的限制有哪些？是技术的限制、资源的限制，还是其他方面的限制？

- ○ 这个项目最终的考核指标是什么？

● 关键的关系

- ○ 项目的核心受众都有哪些？对你而言目前谁或哪个受众群体更重要？为什么？

- ○ 这个群体的目标是什么？他们希望通过我们的产品完成哪些任务？

- ○ 针对这个群体，我们的价值主张什么？

- ○ 要想触达这个群体或吸引这个群体，我们目前还面临哪些困难或挑战？

- ○ 与这个项目或话题相关的团队还有哪些？就这个话题还有哪些团队值得访谈？

● 竞争版图

- ○ 直接竞争对手。（提供一样的服务。）

- ○ 间接竞争对手。（提供相似的服务。）

- ○ 局部竞争对手。（提供的服务有部分重叠。）

- ○ 类比竞争对手。（并非竞争对手但可以提供参考、激发灵感。）

● 对于"用户体验"的理解与预期

- ○ 了解利益相关者对于用户体验研究的认知。他们是否参与过用户体验研究项目？是哪种类型的项目？他们对用户体验研究团队的预期是什么？（根据这个问题的回答，你可以了解一个团队或公司对于用户体验认知的成熟度。对于成熟度比较低的团队或公司，之后你要做的一项重要工作就是

"宣扬用户体验价值"。）

○　实现计划还需要哪些支持？有哪些支持是用户体验研究可以提供的？

○　告知利益相关者你想在接下来的一周组织一个工作坊以了解部门整体的用户体验研究知识缺口，以便制订之后的用户体验研究规划。因此希望他们能够在下一周为自己预留 2 小时的时间来参加这次工作坊。

8.2　第二周：梳理研究机会点

作为用户体验研究员，你的职责是帮助你的团队了解用户。为了实现这一目标，这一周你需要了解的是现在的部门对用户已有的了解是什么，需要了解但还不了解的部分是什么。因此以下是你可以考虑在这一周做的几件事。

● 桌面研究。这一部分我们在第 3 章　研究计划的 3.2 节中已经有所叙述，桌面研究的渠道分为两大类。

○　内部渠道

■　通过和你的利益相关者沟通，了解他们之前在这个话题上都有哪些既有的研究结论。

■　通过与客户或者其他与客户接触的一线员工沟通，更多地了解用户。

■　向数据分析师、网页分析师了解关于产品的一些既有数据分析结论。

○　外部渠道

■　政府研究机构发布的白皮书。

■　大学和其他学术机构发布的论文。

■　你研究的话题所处的行业组织发布的行业报告。

- **工作坊**。组织工作坊的目的在于让部门的利益相关者们对一件事情达成一致，即哪些是我们已知的用户需求，哪些是我们未知但对我们很重要的用户信息。为了搞清楚这个问题，我们需要把所有利益相关者组织起来，一起进行有效的讨论和协作，而"用户体验地图"和"用户画像"是开启这次讨论可以参考的协作框架。

  - **用户画像**。在工作坊中可以尝试让大家一起来创建"假设"的用户画像。因此，即便缺乏一些数据也没有关系，因为及时发现我们还需要的用户数据或者说知识缺口也是这次工作坊需要达成的重要目标之一。

    通过这次工作坊，我们可以创建一面"用户画像"墙，把我们假设的用户类型放在墙上，并把我们已知的信息分别罗列到对应用户下，把暂时不知道而在接下来的研究中需要搞清楚的问题也进行记录和标记。

    用户画像中通常包含典型用户的行为、态度特征、产品使用场景、目标、痛点、惊喜点等。如果用户画像被用于市场推广项目，则还可以包含典型用户的社会人口学特点，如图 8-2 所示。具体包含的内容最终还是要根据团队的需要来确定。

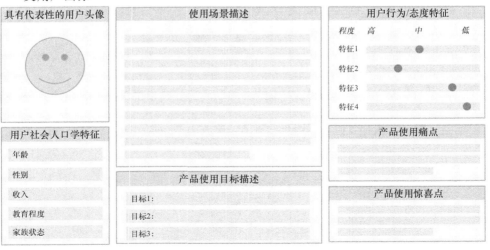

图 8-2　用户画像

○　用户体验地图。关于用户体验地图的使用方法在第 5 章　结论的沟通与落地的 5.1 节中有所叙述。它本身是数据分析与合成中的一个有效工具，而在将此作为创建利益相关者之间协作的框架，旨在通过回顾用户完成任务或达成目标、需求时的步骤，来帮助大家统一对用户体验流程的认知。

如果通过工作坊，我们发现对于用户体验地图，利益相关者之间也无法达成统一的认知。那么作为用户体验研究员，接下来你可以立项的研究是：根据对用户行为、角色的了解，创建一份不同职能、利益相关者都认同的用户体验地图。

用户体验地图中一般会包含以下信息[①]，如图 8-3 所示。

● 为用户体验地图提供限制性信息

○　目标用户描述。（体验地图是针对哪种类型的用户的。）

○　用户的使用场景。

○　使用目标。

● 用户体验地图最核心的部分

○　用户体验阶段。

○　该阶段下对应的用户行为、想法、情绪感受、痛点、惊喜点等。

● 涉及用户体验地图所服务的商业目标的部分

○　产品前进的机会点。

○　公司内部对应的责任部门。

---

① 　Kaplan, K. When and How to Create Customer Journey Maps. NN/g Nielsen Norman Group. 2016.

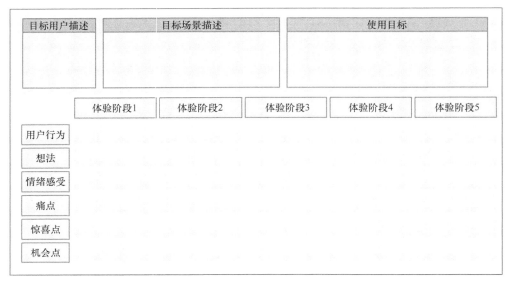

图 8-3   用户体验地图

8.3   第三周：组织一次用户调研项目

在做完了利益相关者访谈和工作坊之后，相信你在部门的"可见度"已经大大提升了。这时候如果你再不推出相关的"落到实处"的工作，你就有可能被贴上"光说不做"的标签。我知道你一定不是这样的人，因此我建议在你开始新工作的第三周组织一次用户体验研究项目。

关于具体做什么研究，或许你通过前两周的工作已经心中有数了。但如果你还不太确定，我在这里可以给出两个建议。

● 全流程测试（**Full-Funnel Test**）。之所以建议进行全流程测试，有以下两个原因。

○ 全流程测试的内容会涵盖你所在部门尽可能多的团队的工作内容。这样一来，更多团队能够受益于这次调研的结果，而你也可以借此机会与这些同事建立合作关系，甚至是相互的信任和默契。

○ 正是因为全流程测试会涵盖产品的方方面面，因此，这也是一个作为新人的你了解研究产品的绝佳机会。通过这次测试，你会对用户群体、产品功能、用户体验流程，以及对应的痛点和惊喜点都有所了解。

● 开放实验室（Open Lab）。或许这不是一个大家所熟悉的调研形式。但一语概之，开放实验室就是把实验室开放给团队成员，让不同团队的利益相关者们能够自主地选择感兴趣的研究话题，并亲自与用户面对面地沟通。

在这个项目中，你要做的工作就是组织用户招募，准备访谈脚本、笔记模板，甚至是撰写最后的调研报告。而选择这个调研方式的原因有以下两个。

○ 不是所有利益相关者都具备进行用户访谈的"技能"，因此你可以借此机会举办一次用户调研基础知识讲座，培训你所在部门的成员相应的访谈技巧，并顺带介绍用户体验研究的一些基础知识，让他们更了解用户体验研究具体是做什么的，以及未来可以对用户体验研究产出有哪些期待。

○ 如果你的利益相关者所在的团队负责不同的产品或功能，那么全流程测试或许不适合把你的利益相关者凝聚到一起。因此给每一个利益相关者团队一定的时间去与用户交流（例如每个人可以与每位用户交流 20 分钟，那么这次调研你可以一共招募 8 ～ 10 位用户），则能让更多团队建立对用户的同理心。通过开放实验室，来自不同团队的成员可以在观察室就访谈洞察进行讨论和记录，如图 8-4 所示。

图 8-4　产品团队观察调研过程

8.4　第四周：确定工作流程和方法

在完成了第三周的调研项目后，想必你对新公司的调研流程及合作团队都有了一定的认知。在最后一周，你离正确的打开用户研究工作局面或许只差最优工作流程和方法了。也许你所加入的用户体验研究团队已经有一套现存的工作流程和方法，但如果你认为有值得改进的地方，则可以主动提出你的想法。而如果你是用户体验研究团队的 1 号员工，那你更需要一套工作流程和方法来奠定未来有效开展工作的基石。

关于用户体验研究工作流程和方法，如果事无巨细地一一说明，或许可以再写一本书，但如果要给出一个简明扼要的概括，则以下几个关键节点是需要特别把握的。

- 如何搜集调研需求。调研需求的搜集其实没有固定的节奏，根据产品的迭代速度、公司的发展阶段，或者团队的工作模式的不同，其节奏也不同。但唯一可以肯定的是，你需要建立一套适合你所在部门的需求搜集方式。因为只有这样你才能更好地把握调研项目的节奏。大体来说，你需要考虑以下几个维度来设置调研需求的搜集节奏。

○ 策略型研究。这类研究一般是为产品的策略方向提供用户需求的洞察。例如我们在第 2 章 用户体验研究的基础方法与技能的 2.1 节中提到的探索型研究就是这种类型的研究。为了让用户体验研究能在这个层面产生影响力，应该尽早开始组织规划策略型研究，例如在部门进行年度或季度规划前就已经完成相关调研。这类型的调研一方面需要用户体验研究员具备向上沟通的渠道，例如每个季度甚至每个月与部门总监级决策者进行产品方向的沟通；另一方面也需具备准确把握用户需求和市场动向的敏锐洞察力，例如发起一些自主研究项目，并通过研究洞察推动产品开发。

○ 战术型研究。如果说策略型研究的目的是探索用户需求和市场动向，那么战术型研究则属于用户体验研究分类中的生成型研究了。这类研究通常是为了帮助某一个或几个产品团队确认设计方向，因此研究员需要与产品团队建立更紧密的联系。每一个月或半个月就与产品团队进行一次项目进度同步能够更好地帮助用户体验研究员发现战术型研究需求的机会点。

○ 临时需求研究。这类研究通常不需要用户体验研究员主动去搜集研究需求，产品团队会主动找上门，因为通常在这样的项目中，用户体验研究员扮演的都是救火队员的角色。例如，总监 A 说我们应该使用方案 1，总监 B 说方案 2 才更合理。VP 此时难以定夺，于是派经理 C 找到你说：我们做一个用户体验研究，让用户做决定吧。当然这不是唯一的临时需求情境，你可以举一反三。总结下来，这类研究中大部分是一些评估型研究，而你需要支持的大部分是概念测试、焦点小组等调研形式。

图 8-5 所示的内容仅代表对调研需求沟通频率的示意，并非最完美或准确的沟通节奏。有时候发布一款产品和把火箭发射到太空一样难。在我们与产品团队沟通时也必须灵活应对，以不变应万变。

	1月	2月	3月	4月	5月	6月	7月	8月	9月	10月	11月	12月
策略型研究 部门决策层	年度 沟通						年度 沟通					
战术型研究 团队决策层	季度 沟通			季度 沟通			季度 沟通			季度 沟通		
		每月回 访沟通	每月回 访沟通		每月回 访沟通	每月回 访沟通		每月回 访沟通	每月回 访沟通		每月回 访沟通	每月回 访沟通
临时需求 研究	不定期			不定期				不定期	不定期			不定期

图 8-5　调研需求搜集频率

● 确定团队对调研的参与度。对团队参与度的预期设置是用户体验研究员提高研究影响力的重要环节。回想我在入行之初，都是独自完成调研环节的每一步，力争把最终的调研结论以最完美的姿态呈现到产品团队面前，但我却失望地发现我的研究影响力往往非常一般。

后来总结为什么会产生这样的结果，我发现在整个研究过程中我的产品团队参与度太低，以至于他们对最终调研结论找不到"归属感"，这也是为什么我会在 2016 年的 IXDC 大会上组织了一次题为《从支持者到连接者：基于参与式设计的用户研究角色重构》的工作坊。其中心思想大概可以用宜家效应[①]来总结：宜家效应是消费者对于自己投入劳动、情感而创造的物品的价值产生高估的价值判断偏差现象。

消费者对于一个物品付出的劳动、情感越多，就越容易高估该物品的价值。所以，为了提高产品团队的参与度，你可以在以下节点上与团队进行互动，并要求他们参与。

○ 调研需求沟通。要求提出调研需求的产品团队先对需求进行整理，填写《研究需求申请表》，并主动组织需求沟通会，邀请团队所有相关成员参加。（需求表模板可以在第 3 章　研究计划的 3.1 节中找到。）

○ 调研项目启动会：通常在一次调研正式开始前我会组织一次调研项目启动

---

① 此效应最早于 2011 年由哈佛商学院行为经济教授 Dan Ariely 发现。

会，并在会上说明调研时间表，并确认调研目标及研究问题。启动会上我会要求所有与此次调研相关的产品团队或利益相关者都参与进来。启动会的注意事项具体在第 3 章 研究计划的 3.3 节中有更详细的叙述。

○ 项目执行。如果调研时有用户访谈、可用性测试或焦点小组项目，我对产品团队的期望包括以下几个方面。

■ 产品设计师如果接受过用户访谈培训，那么访谈主持可以由设计师自己承担，用户体验研究员可以提供相关的培训。

■ 产品团队负责记录访谈全程的笔记。（关于测试笔记，请参考第 4 章 研究执行中的 4.2 节。）

■ 在每天的访谈或测试结束后，我都会组织当日调研总结。所有参与调研观察的产品团队成员和其他部门利益相关者都应出席并参与总结环节。（关于如何组织总结环节，我在第 5 章 结论的沟通与落地中的 5.1 节有详细叙述。）

● 沟通研究结论的分享方式。如我在上文中说的，发送一封调研报告邮件或组织一次调研结论分享会可能并不是提升研究结论影响力最有效的办法。这里我并不是说我们应该完全取消调研结论分享会，而是如果你发现你的调研结论不止对直接向你提出调研需求的团队有用，而且对整个部门甚至公司多个部门的团队都具有价值时，我非常鼓励你组织一次分享会。但如果你的调研结论关注的是某一个更为微观的话题，或者你更关注结论的落地性，那么在调研结束后组织一次工作坊或许会更有效。

因此我每次在调研立项的时候，就会向我的产品团队设立预期：关于调研结论，我们是进行宏观层面的分享会，还是针对结论进行一次产品团队内部的工作坊（关于工作坊的组织，可以参考第 5 章 结论的沟通与落地的 5.2 节和 5.3 节中的内容）。如果大家明确了调研结论的分享将会采取工作坊的形式，那么在调研需求沟通或者项目启动会上就应该明确工作坊的组织责任人。例如，我作为用户体验研究员可以负责工作坊的内容输入部分，而工作坊的主持、联络、后勤等工作我则会要求我的产品团队来承担。

本章小结

一个一味讨好产品或设计团队的用户研究员绝对是一个无用之人，而一个过于批判或者过于奉行犬儒主义的用户研究员也往往容易孤立自己。用户研究员应该像牡蛎中的那颗沙子，通过把用户的声音和需求带到产品设计的每一个环节，去激励产品团队最终打造出一颗光芒四射的"珍珠"。

充当沙子并不是一件简单的事情，也许会有产品团队对你的各种要求和制定的规章制度感到不舒服，甚至认为你是一个"事多""难搞"的人，但就像我在感情相处中一直相信的一句话：两个人之间的争吵不应该是为了填补彼此情感的空虚，而应该是为了建立一段亲密关系的相处框架。必要的争论有时真的在所难免。我真心希望你在新工作的第一个30天里建立你与团队之间的工作框架，祝一切顺利！